CONTRIBUTION

A L'ÉTUDE PHYSIOLOGIQUE

DES

MÉTAMORPHOSES DU VER A SOIE

PAR

CLÉMENT VANEY   FRANÇOIS MAIGNON

CONFÉRENCES DE ZOOLOGIE A LA FACULTÉ   CHEF DES TRAVAUX DE PHYSIOLOGIE A L'ÉCOLE
DES SCIENCES DE LYON   VÉTÉRINAIRE DE LYON

Extrait des *Rapports du Laboratoire d'Études de la Soie*
Vol. XIII — 1903-1904-1905

LYON

A. REY & Cie, IMPRIMEURS-ÉDITEURS
4, RUE GENTIL

1906

CONTRIBUTION

A L'ÉTUDE PHYSIOLOGIQUE

DES

MÉTAMORPHOSES DU VER A SOIE

CONTRIBUTION

A L'ÉTUDE PHYSIOLOGIQUE

DES

MÉTAMORPHOSES DU VER A SOIE

PAR

CLÉMENT VANEY
MAITRE DE CONFÉRENCES DE ZOOLOGIE A LA FACULTÉ
DES SCIENCES DE LYON

FRANÇOIS MAIGNON
CHEF DES TRAVAUX DE PHYSIOLOGIE A L'ÉCOLE
VÉTÉRINAIRE DE LYON

Extrait des *Rapports du Laboratoire d'Études de la Soie*
Vol XII. — 1903-1904-1905

LYON
A. REY & Cie, IMPRIMEURS-ÉDITEURS
4, RUE GENTIL, 4

1906

CONTRIBUTION

A L'ÉTUDE PHYSIOLOGIQUE DES MÉTAMORPHOSES

DU VER A SOIE

Les métamorphoses des Insectes ont été l'objet de nombreux travaux histologiques, surtout pendant ces dernières années (1) ; mais les recherches physiologiques sur cette question sont encore très limitées.

Deux mémoires seulement, celui de Bataillon (1893) et celui de Dubois et Couvreur (1901), s'occupent d'un grand nombre de points de la physiologie des métamorphoses du Ver à soie. Bataillon, après avoir observé des inversions dans la circulation, étudie la respiration et la fonction glycogénique pendant la nymphose. Dans ses conclusions, cet auteur considère l'asphyxie comme déterminant les métamorphoses. Les principales données formulées par Bataillon sont confirmées par les recherches entreprises sur le même sujet par Dubois et Couvreur ; son élève, Terre (1898), les étend à d'autres Lépidoptères, à un Coléoptère et à un Hyménoptère.

Les autres travaux sur la physiologie des métamorphoses n'ont rapport qu'à des points spéciaux de celle-ci. C'est surtout la question de la respiration des nymphes qui a fait l'objet du plus grand nombre de recherches. Réaumur montre, en immergeant partiellement des chrysalides dans de l'huile, que les stigmates antérieurs fonctionnent seuls pendant la nymphose. Newport (1836) dose la quantité d'acide carbonique exhalée par des pupes de *Sphinx ligustri* Lin. et de *Papilio urticæ* Lin., et compare l'état pupal à l'état d'hibernation des mammifères hibernants ; dans un second mémoire (1837), il observe les relations qui existent à différents stades entre la température de l'Insecte, sa respiration et les pulsations du cœur.

---

(1) On trouvera un excellent résumé sur ce sujet dans le livre *les Insectes,* d'Henneguy, Paris, 1904.

1

Regnault et Reiset (1849), Paul Bert (1885), Luciani et Lo Monaco (1893) et Gal (1898), établissent la courbe d'élimination d'acide carbonique au cours de la nymphose du ver à soie.

D. Levrat (1898) observe que les quantités d'acide carbonique exhalées par les chrysalides d'*Antherœa Pernyi* Guér. Mén. sont en relation directe avec la température.

Sovnowski (1902) trouve que la quantité d'acide carbonique éliminée par les pupes de *Musca vomitaria* Lin. et de *Lucilia cæsar* Lin. diminue pendant le premier jour, reste constante les jours qui suivent et augmente à la fin de la nymphose jusqu'au moment de l'éclosion.

Un second point traité par différents auteurs est la variation des pertes de poids subies par l'insecte pendant sa métamorphose. Cornalia (1856), Dandolo (1819), Luciani et Tarulli (1895) les ont observées pour le Ver à soie, et Urech (1890) chez un certain nombre d'autres Lépidoptères.

Dans ces dernières années, Dewitz (1901-1904) a fait un grand nombre d'expériences pour montrer le rôle des oxydases au cours de la nymphose. Il a prouvé, ainsi qu'un certain nombre d'auteurs, que la coloration du liquide sanguin est due à l'action d'enzymes, identiques à la tyrosinase. Il a surtout constaté que les mêmes facteurs qui retardent ou annulent la coloration de la pupe fraîchement formée et, par suite, l'action de la tyrosinase, agissent de même sur la transformation de la larve en pupe.

L'étude physiologique des métamorphoses est importante, non seulement au point de vue de l'évolution de l'Insecte, mais aussi au point de vue de l'étude des phénomènes de nutrition, car elle apporte de précieuses données à la chimie cellulaire. En effet, la nymphe ne prenant aucun aliment extérieur, les variations constatées proviennent exclusivement des modifications dans le chimisme des cellules.

Une difficulté de ce genre de recherches est de pouvoir opérer sur une grande quantité de sujets du même âge afin que les dosages chimiques soient comparables. C'est pour surmonter cette difficulté que nous nous sommes adressés au Ver à soie dont l'élevage est facile et offre, dans une éducation bien menée, un grand nombre d'individus sensiblement identiques. Nous avons fait à la Faculté des Sciences une très bonne éducation de plus de 3.000 vers, et des expériences comparatives ont pu être effectuées en nous servant de Vers à soie provenant de la même graine mais élevés au parc de la Tête-d'Or ; cette dernière éducation a présenté beaucoup de flacherie.

Nous avons essayé de faire des recherches aussi complètes que possible sur un certain nombre de points de la physiologie des métamorphoses du Ver à soie. Nous avons établi :

La courbe des pertes de poids subies au cours de la nymphose ;

La date d'apparition du glucose et les variations de cet hydrate de carbone ;

Les courbes de variations du glycogène, des matières grasses et des albumines solubles.

Avant d'entrer dans le détail de nos recherches, il est utile de faire les remarques suivantes :

a) Dans les différents dosages, nous avons opéré, autant que possible, sur des lots contenant autant d'individus mâles que d'individus femelles ; car, ainsi que nous l'avons remarqué, la sexualité a une grande influence sur la teneur en certaines substances ;

b) Nous indiquons l'âge du cocon et, par suite celui de la chrysalide, en considérant comme premier jour, celui de la montée, où le ver a déjà établi une première enveloppe soyeuse. Pendant les quatre premiers jours, on trouve dans le cocon le ver bavant, continuant à édifier sa demeure et c'est à la fin du quatrième jour ou le cinquième jour que ce ver se transforme en chrysalide proprement dite ;

c) Nous désignons sous le nom d'adultes accouplés ceux qui viennent d'éclore et qui se sont immédiatement accouplés.

Nos recherches ont été effectuées en partie au laboratoire de physiologie de l'Ecole vétérinaire de Lyon, en partie au laboratoire de zoologie de la Faculté des sciences ; que MM. les professeurs Arloing et Kœhler reçoivent ici le témoignage de notre vive reconnaissance pour l'intérêt qu'ils ont toujours porté à nos travaux et pour l'aide matérielle qu'ils nous ont fournie pour les mener à bien. Nous remercions également M. J. Testenoire, le sympathique directeur de la Condition des soies de Lyon, de l'obligeance avec laquelle il a accueilli notre travail dans la belle publication de son Laboratoire.

VARIATIONS DE POIDS AU COURS DE LA NYMPHOSE

HISTORIQUE. — Un certain nombre d'auteurs se sont occupés de rechercher les pertes de poids subies par les cocons au cours de la métamorphose. C'est ainsi qu'Urech (1890) constate, chez des *Piéris*, un accroissement de la perte de poids à la veille de l'éclosion, et ceci, quelle que soit la température ambiante. Chez la *Phalœna pavonia minor* Lin., il remarque une perte de poids très forte après que le ver a rejeté son méconium ; la pupe conserve ensuite un poids à peu près constant pendant un temps assez long, et l'on ne constate une nouvelle perte sensible que vers l'éclosion.

Mais la plupart des travaux se rapportent au *Sericaria mori* Lin. D'après Dandolo (1), un Ver à soie mûr, prêt à filer, pèse en moyenne 3 gr. 66 (il s'agit ici d'une race d'assez grande taille pour laquelle il y a 35.960 œufs à l'once de 25 grammes et 472 cocons au kilogramme) ; or, le cocon à l'état marchand, c'est-à-dire récolté au huitième jour, pèse 2 gr. 18 et, sur ce poids, la chrysalide entre pour 1 gr. 84. La perte subie par l'animal est donc, dans cet intervalle de temps, de 1 gr. 48, c'est-à-dire presque égale au poids de la chrysalide. A partir de ce moment, la déperdition devient moindre : en effet, le poids du papillon, suivant qu'il est mâle ou femelle, est en moyenne de 0 gr. 80 à 1 gr. 41.

A côté des résultats de Dandolo, Maillot donne, dans le tableau suivant, les résultats fournis par M. Cobelli de Rovereto.

RACES	NOMBRE		POIDS			
	d'œufs pour 25 gr.	de cocons au kilogr.	du ver mûr prêt à filer	du cocon du 8e jour	du papillon (moyenne)	du cocon percé
Dandolo, cocons grands..	35.960	472	3 gr. 66	2 gr. 18	1 gr. 10	0 gr. 40
Cobelli, cocons très grands	34.733	384	4 gr. 93	2 gr. 60	1 gr. 28	0 gr. 49
— cocons moyens...	35.276	473	3 gr. 93	2 gr. 11	0 gr. 90	0 gr. 38
— cocons moyens...	35.881	500	3 gr. 53	1 gr. 99	0 gr. 94	0 gr. 39
— cocons petits....	44.775	895	1 gr. 90	1 gr. 11	0 gr. 39	0 gr. 20

(1) Maillot, *Leçons sur le ver à soie du mûrier*, 1885, p. 179.

Luciani et Tarulli (1895) (1) ont examiné sur des cocons jaunes, race d'Ascoli, la diminution journalière du poids depuis le commencement du coconnage jusqu'à la sortie des papillons. Ils reconnaissent que les Vers à soie de même race et d'une même éducation présentent des individus précoces, des individus normaux et des individus tardifs ; les précoces, et spécialement les tardifs, se distinguent des normaux par leur poids et leur volume notablement moindres. Dans la courbe des poids, ces auteurs distinguent deux périodes : l'une de rapide abaissement, l'autre d'abaissement lent ; le point de séparation de ces deux périodes indique la transformation en chrysalide qui aurait lieu le septième jour de la montée. Cette diminution de poids serait due en très grande partie à une perte d'eau.

Ces divers auteurs ne semblent pas avoir tenu compte, dans leurs recherches, des différences sexuelles et pourtant les papillons femelles étant toujours d'un poids plus considérable que les papillons mâles, il y a lieu de ne pas négliger ce facteur important.

RECHERCHES PERSONNELLES. — Dans toutes nos expériences, nous avons opéré sur des lots contenant, autant que possible, un nombre égal d'individus mâles et femelles. C'est ainsi que, dans la recherche des variations de poids les pesées ont porté sur un lot de douze individus qui nous a donné, à l'éclosion, sept mâles et cinq femelles.

Nous avons pris les cocons tout à fait au début de leur formation et nous les avons pesés tous les jours, pendant toute la durée de leur évolution, dans une chambre dont les conditions de température et d'état hygrométrique étaient sensiblement constantes.

La série des pesées effectuées sur un lot de douze cocons, depuis le premier jour du coconnage jusqu'à l'éclosion, nous a fourni les nombres suivants :

AGE DES COCONS	POIDS TOTAL
1 jour	26 gr. 75
2 jours	23 gr. 35
3 jours	21 gr. 50
4 jours	20 gr. 28

(1) Nous n'avons pu consulter que le résumé donné par ces auteurs dans *Archives de Biologie italienne*, t. XXIV, p. 237.

5 jours	19 gr. 60
7 jours	19 gr. 07
9 jours	18 gr. 81
12 jours	18 gr. 28
14 jours	18 gr. 05
15 jours	17 gr. 71
17 jours	17 gr. 35
18 (2 éclosions mâles, 3 éclosions fem.) .	15 gr. 71
19 (7 éclosions, 3 mâles et 4 fem.). .	12 gr. 42 adultes pesés avec leurs enveloppes.

Nous avons pu, à l'aide de ces données, établir la courbe suivante qui indique les variations de poids des cocons au cours de la nymphose.

Etude analytique de la courbe. — Nous voyons que cette courbe (I) subit une chute rapide, tout à fait au début de la chrysalidation, lors de la transformation de la larve en chrysalide ; elle se maintient ensuite légèrement et régulièrement inclinée pendant toute la durée moyenne de la métamorphose, du cinquième au dix-septième jour, pour redescendre ensuite rapidement aux approches de l'éclosion, c'est-à-dire au moment de la transformation de la chrysalide en insecte parfait.

Le poids initial des douze cocons d'un jour étant de 26 gr. 75, les pertes de poids subies pendant les premiers et les derniers jours de la nymphose sont les suivants :

Du 1er au 2e jour : 3 gr. 40, soit 1/8e environ du poids total ;
Du 2e au 3e jour : 1 gr. 85, soit 1/12e environ du poids total ;
Du 3e au 4e jour : 1 gr. 22, soit 1/17e environ du poids total ;
Du 4e au 5e jour : 0 gr. 68 soit 1/29e environ du poids total ;
Du 5e au 17e jour, perte de poids total : 1 gr. 89, ce qui fait une moyenne de 0 gr. 18 par jour, soit 1/100e environ du poids total ;
Du 17e au 18e jour, 1 gr. 64, soit 1/10e environ du poids total ;
Du 18e au 19e jour (adultes) : 3 gr. 28, soit 1/5e environ du poids total.

Les pertes de poids les plus grandes ont donc lieu au début et à la fin de la métamorphose ; elles coïncident avec les périodes de la

I. — *Courbes des variations de poids du Ver à soie au cours de sa nymphose.*

(en grammes)

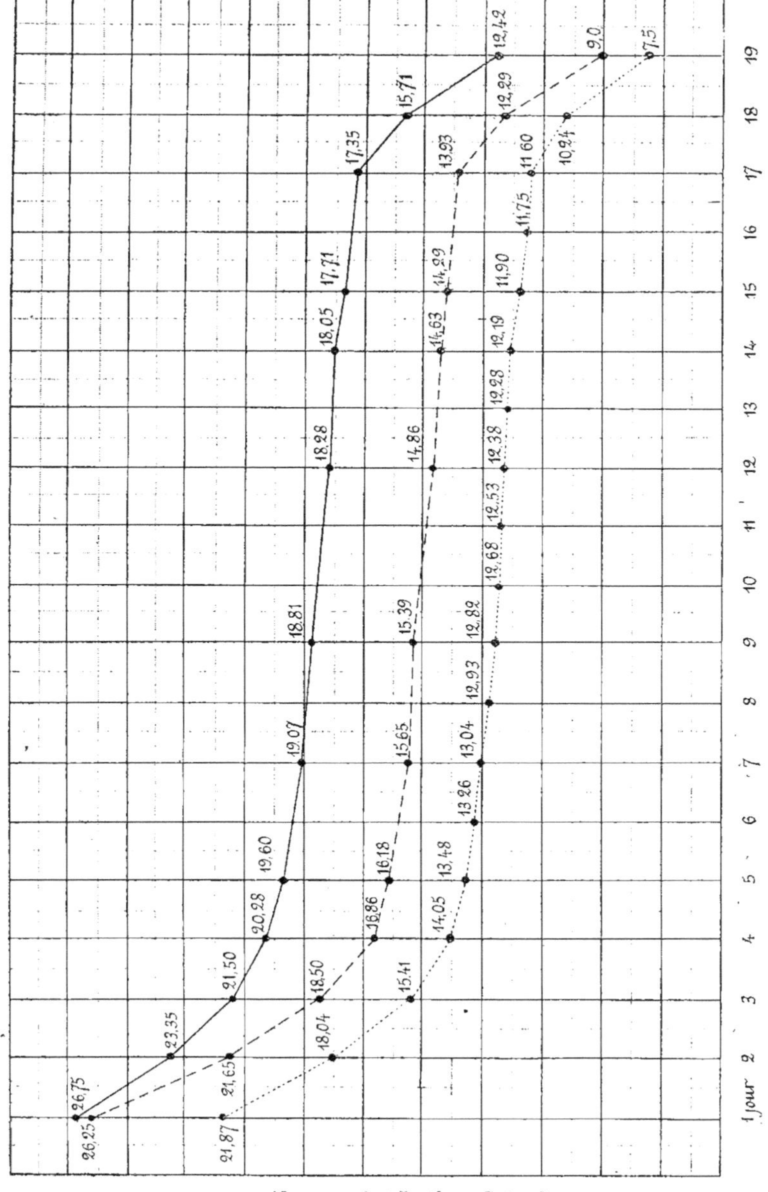

——————— pour 12 cocons, dont 5 mâles et 7 femelles.

— — — pour 12 individus nus.

.... pour 10 individus nus.

nymphose pendant lesquelles s'opèrent les modifications morphologiques les plus importantes : transformation de la larve en chrysalide et transformation de la chrysalide en imago. Pendant la période moyenne du 5ᵉ au 17ᵉ jour, qui correspond à une phase de repos apparent de la chrysalide, la perte de poids est très faible, et se montre uniforme pendant ces douze jours.

La perte de poids ne pouvant résulter que de l'élimination de l'acide carbonique et de la vapeur d'eau ($CO_2 + H_2O$), il en résulte que l'intensité des échanges respiratoires se trouve en rapport avec l'importance des changements morphologiques. Nous nous trouvons d'accord en cela avec MM. Dubois et Couvreur (1901), qui ont déterminé les quantités d'acide carbonique et de vapeur d'eau éliminées, chaque jour, au cours de la métamorphose ; la courbe (II) construite avec leurs chiffres en totalisant le poids d'acide carbonique et d'eau éliminés montre également des pertes de poids plus grandes au début et à la fin de la nymphose.

Les adultes subissent des pertes de poids considérables, indépendamment de l'élimination d'acide carbonique et de vapeur d'eau. C'est ainsi que, au moment de l'accouplement, après le rejet du méconium (contenu dans l'intestin) :

> 10 mâles pèsent . . . . 4 gr. 5
>
> 10 femelles . . . . 9 gr. 0

Après l'accouplement et la ponte, ces mêmes animaux ne pèsent plus que :

> 10 mâles . . . . 3 gr. 0
>
> 10 femelles . . . . 3 gr. 4

Après la ponte, mâles et femelles ont à peu près le même poids.

EMPLOI DE LA COURBE DE VARIATIONS DE POIDS POUR LA CORRECTION DES DIFFÉRENTS DOSAGES. — L'établissement de cette courbe de variations de poids est absolument nécessaire si l'on veut comparer les dosages successifs d'une même substance, effectués pendant l'évolution de la chenille.

Pour étudier les variations d'une même substance, au cours de la métamorphose, l'idéal serait, par exemple, de doser tous les jours cette substance sur 10 individus, toujours les mêmes. Mais comme

I. — *Courbe des pertes de poids au cours de la nymphose du
Ver à soie.*

(D'après les travaux de MM. Dubois et Couvreur)

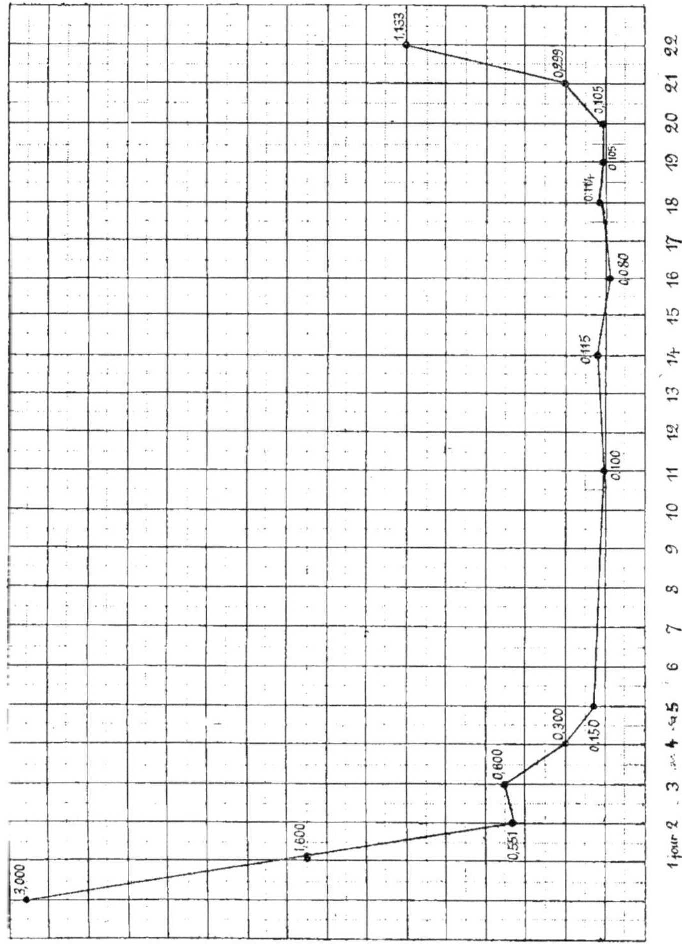

cela est irréalisable, puisque les dosages entraînent la destruction des individus sur lesquels on opère, on devra se contenter de résultats approchés que l'on obtiendra en opérant sur des individus différents. Mais il faut alors réduire le plus possible les causes d'erreur.

On ne peut pas se contenter de comparer des dosages effectués sur des lots de dix individus quelconques ; car l'éducation ne donne jamais des animaux rigoureusement identiques et l'on constate souvent pour des vers du même âge des différences de poids, souvent très marquées.

Si le poids ne variait pas au cours de la nymphose, il suffirait simplement de faire les calculs sur un poids moyen de 10 individus ; mais les pertes de poids quotidiennes rendent impossible cette façon de procéder. Pour tenir compte de ces dernières nous avons opéré de la façon suivante :

Nous avons déterminé, chaque jour, sans nous inquiéter des pertes de poids quotidiennes, le pourcentage en poids des différentes substances que nous étudions (glucose, glycogène, graisse, matières albuminoïdes solubles). Puis nous avons établi la courbe (I) des variations de poids de 10 vers nus, et, en nous reportant à cette courbe, nous avons calculé les quantités de substance contenues dans un poids de tissu égal au poids de 10 vers au jour considéré. Nos dosages ont donc toujours été rapportés au poids initial de 10 vers ; par suite, nous avons donc été obligés de construire la courbe de variations de ces 10 individus dépouillés de leur enveloppe soyeuse.

Pour cela, nous avons retranché des poids quotidiens de 12 cocons mâles et femelles au cours de la nymphose, le poids des enveloppes. Le poids de ces enveloppes varie pendant le filage ; pour 12 cocons, il est de :

$$
\begin{array}{llll}
0 \text{ gr. } 50 & \text{pour des cocons de} & 1 \text{ jour,} \\
1 \text{ gr. } 70 & — & — & 2 \text{ jours,} \\
3 \text{ gr. } 00 & — & — & 3 \text{ jours,} \\
3 \text{ gr. } 42 & — & — & 4 \text{ jours,}
\end{array}
$$

mais à partir du quatrième jour, le filage est terminé et le poids des enveloppes reste le même jusqu'à la fin de la nymphose.

En opérant ainsi, nous avons construit une deuxième courbe (I) donnant les variations de poids de 12 individus nus, débarrassés de leur coque ; il est alors facile d'établir la courbe (I) pour 10 individus.

Un exemple permettra de mieux comprendre la suite de nos calculs et l'emploi de la courbe de variations de poids de 10 individus.

Pour le dosage du glycogène chez des cocons de 4 jours, nous avons opéré sur 10 vers pesant 15 gr. 7 ; ils renfermaient 207 milligrammes de cette substance, soit 1,318 pour 100.

La courbe de variations de poids nous montre que : 10 vers à la montée, ayant un poids primitif de 21 gr. 87, pèsent, le quatrième jour, 14 gr. 05.

Nous allons chercher, par une simple règle de trois, la quantité de glycogène renfermée dans ces 10 vers du quatrième jour en nous basant sur le dosage précédent. Si, dans 100 grammes, nous trouvons 1 gr. 318 de glycogène, dans 14 gr. 05, il y en aura x, d'où :

$$x = \frac{1\ \text{gr. }318 \times 14,05}{100} = 0\ \text{gr. }185$$

0 gr. 185 donne la quantité de glycogène qui aurait été hypothétiquement renfermée dans notre série typique de 10 vers le quatrième jour de ses métamorphoses.

Pour chacune des substances dosées, nous avons ainsi établi deux courbes : l'une (A) indique les quantités de substance contenues dans 100 grammes de tissus aux différents jours de la nymphose, l'autre (B) les quantités de ces mêmes substances contenues dans 10 vers, dont les poids quotidiens nous sont donnés par notre courbe de variations de poids.

GLUCOSE AU COURS DE LA NYMPHOSE

HISTORIQUE. — Claude Bernard (1879) s'était déjà préoccupé de rechercher le glucose chez les larves et les chrysalides d'Insectes. Il avait constaté l'absence de sucre chez les asticots et son apparition dans les tissus pendant la chrysalidation.

Bataillon et Couvreur (1892) ont fait des études analogues sur le Ver à soie et ils ont en plus dosé la glucose à différentes périodes de la nymphose.

Nous avons nous-mêmes recherché le moment d'apparition du glucose et établi, à l'aide de dosages effectués chaque jour, la courbe des variations de cet hydrate de carbone.

Recherche et Dosage du Glucose

A) CRITIQUE. — Bataillon (1893) reconnaît que la recherche du glucose dans les bouillons de Vers à soie présente de nombreuses difficultés et il avoue que les erreurs sont faciles à commettre. Cet auteur a décelé le glucose au moyen de la liqueur de Fehling ; or, les procédés de défécation usités à cette époque étaient insuffisants, parce qu'ils ne précipitaient pas certaines substances, réduisant tout comme le glucose la liqueur cupropotassique. L'un de nous (1) a montré, en effet, que les bouillons de Vers à soie, ne renfermant pas trace de glucose décelable à la phénylhydrazine, réduisent néanmoins la liqueur de Fehling ; cela est dû à la présence de bases réductrices, telles que les bases créatiniques.

L'acide acétique, le noir animal, le sulfate de soude, employés par les auteurs précédents, sont impuissants à débarrasser les bouillons de ces substances réductrices ; aussi, les quantités de glucose trouvées par eux sont-elles, de ce fait, bien supérieures à celles qui résultent de nos dosages.

L'azotate mercurique préconisé comme déféquant par Patein et Dufau, présente le grand avantage, sur les substances précédentes, de précipiter toutes ces bases azotées réductrices en même temps que les albuminoïdes.

(1) Maignon (1902)

De nos jours, l'emploi de la phénylhydrazine facilite aussi singulièrement la recherche qualitative du glucose.

B) TECHNIQUE SUIVIE DANS NOS EXPÉRIENCES. — Pour les larves déjà enfermées dans leur cocon et pour les chrysalides, nous avons opéré sur l'animal entier, l'inanition ayant fait disparaître les dernières traces de glucose contenu dans le tube digestif. Mais pour les vers du cinquième âge, il est nécessaire d'opérer autrement, car le contenu intestinal renferme en abondance du glucose qui provient des feuilles ingérées ; on doit enlever le tube digestif et n'opérer que sur les parois du corps. L'ablation du tube digestif se pratique très facilement : on incise le ver sur toute sa longueur, suivant une ligne médiane et dorsale et on désagrège la masse viscérale sous un filet d'eau ; les tissus restant sont exprimés légèrement à travers un linge fin.

La suite des opérations comprend d'abord la préparation des bouillons et ensuite la recherche qualitative et quantitative du glucose dans les bouillons déféqués.

1° *Préparation des Bouillons.*

Un poids déterminé d'animaux ou de tissus est découpé en menus fragments dans trois fois son poids d'eau distillée. Le tout est porté, au bain-marie, à 100 degrés, pendant une heure. Au bout de ce temps, on décante et on presse le résidu.

Le bouillon ainsi obtenu est déféqué au moyen de l'azotate mercurique [formule de Patein et Dufau (1)], que l'on ajoute à raison de 6 à 8 centimètres cubes pour 50 centimètres cubes de bouillon. On détermine ainsi la précipitation en masse de tous les albuminoïdes et des bases azotées sous forme d'un coagulum grisâtre. On laisse en contact cinq minutes, puis on neutralise le mélange en ajoutant par petites fractions de la lessive de soude. Si l'on dépasse le point neutre, on fait disparaître l'alcalinité au moyen de l'acide azotique versé goutte à goutte.

---

(1) A 220 grammes d'oxyde jaune de mercure, on ajoute 300 à 400 grammes d'eau et la quantité d'acide azotique exactement nécessaire pour le dissoudre ; on ajoute quelques gouttes de soude jusqu'à l'apparition d'un précipité jaunâtre. On complète ensuite le volume à un litre et on filtre.

Une fois cette opération terminée, on filtre et on lave le précipité avec de l'eau distillée pour entraîner les dernières traces de glucose. Le liquide ainsi filtré renferme un excès de mercure dont il faut se débarrasser ; on arrive à ce résultat en ajoutant de la poudre de zinc (1 gramme pour 100 centimètres cubes) qui précipite le mercure sous forme d'amalgame de zinc. On agite et, au bout d'une heure, on peut filtrer ; la liqueur ainsi obtenue est limpide et incolore, elle renferme la totalité du glucose des tissus. On la mesure exactement et on procède sur elle à la recherche qualitative et quantitative du glucose.

2° *Recherche qualitative.*

On place une certaine quantité de bouillon déféqué au fond d'un tube à essai ; on ajoute une pincée de chlorhydrate de phénylhydrazine et deux d'acétate de sodium. On porte au bain-marie bouillant pendant une demi-heure, puis on laisse refroidir.

Au bout d'une heure, s'il y a suffisamment de glucose, on peut déjà voir se former un précipité jaunâtre, floconneux de phénylglucosazone ; mais il est préférable d'attendre au lendemain.

On décante alors la partie liquide et on examine au microscope une goutte du dépôt. S'il y a du glucose, on aperçoit des cristaux caractéristiques, de couleur jaune verdâtre, formés d'aiguilles très fines, très déliées, disposées en houppe, en fuseau ou en rosace.

La phénylhydrazine donne également des cristaux en aiguilles avec d'autres sucres : le lactose, l'acide glycuronique et ses composés, autant de corps qui peuvent se rencontrer exceptionnellement dans les tissus ; mais l'aspect général des cristaux, leur couleur, la forme des aiguilles et leur agencement permettent, à un œil exercé, de distinguer facilement d'entre tous, les cristaux fournis par le glucose.

Cette méthode de recherche décrite par Fischer, Joksch, Rosenfeld et d'autres, est extrêmement sensible. Elle permet de déceler des traces infimes de glucose.

3° *Recherche quantitative.*

Nous avons dosé le glucose dans le bouillon déféqué, au moyen de la liqueur de Fehling, formule de Pasteur (10 centimètres cubes correspondent à 5 centigrammes de glucose).

Le dosage du sucre par la liqueur de Fehling est un procédé délicat qui ne donne une exactitude rigoureuse qu'à la condition de s'en servir d'une certaine façon.

Deux inconvénients sont à éviter : la précipitation de l'oxydule cuivreux qui masque le phénomène de la décoloration et la réoxydation de cet oxydule au contact de l'air.

On se met à l'abri du premier inconvénient en opérant en milieu fortement alcalin ; comme l'a indiqué Claude Bernard, l'oxydule reste dissous dans la potasse ou la soude. L'addition de potasse n'a pas l'inconvénient du ferrocyanure de potassium ; celui-ci empêche bien aussi la précipitation de l'oxydule, mais il détermine souvent une coloration vert foncé qui peut apparaître avant la décoloration complète.

Le deuxième inconvénient peut être supprimé en opérant à l'abri de l'air, ou bien en versant d'un seul coup dans la liqueur de Fehling en pleine ébullition, la quantité de liqueur nécessaire pour obtenir la décoloration complète. Le phénomène de la réoxydation a une importance telle, surtout lorsqu'on agit en milieu alcalin, qu'il suffit de laisser le liquide décoloré quelques instants au contact de l'air pour le voir bleuir immédiatement.

La quantité de liqueur de Fehling à employer doit varier avec la richesse en sucre de la solution. Dans le cas qui nous occupe, les bouillons étant peu riches en glucose, nous avons opéré généralement sur un dixième de centimètre cube.

On dépose la liqueur de Fehling très exactement mesurée dans un verre de Bohême de 250 centimètres cubes ; on ajoute 20 centimètres cubes d'eau distillée et quatre à cinq pastilles de potasse caustique. La liqueur obtenue, examinée sur un fond blanc, est nettement colorée en bleu. On porte à l'ébullition et, par tâtonnement, on cherche la plus petite quantité de liqueur sucrée qui, versée en une seule fois, entraîne la décoloration complète. Chaque dosage nécessite évidemment plusieurs opérations.

Si la décoloration est obtenue avec une quantité trop faible de liqueur, 1 ou 2 centimètres cubes, par exemple, il est préférable d'opérer sur deux dixièmes de centimètre cube de liqueur de Fehling, 30 centimètres cubes d'eau et six à huit pastilles de potasse.

Exposé des Résultats obtenus

A) MOMENT D'APPARITION DU GLUCOSE. — *Historique*. — Claude Bernard (1879), opérant sur des asticots, a constaté que, pendant toute la durée de la vie larvaire, les tissus de l'animal ne renferment pas trace de sucre. Cet hydrate de carbone apparaît pendant la vie chrysalidaire et persiste chez l'adulte.

Bataillon et Couvreur (1892), dans leurs recherches entreprises sur le Ver à soie, arrivent à des conclusions un peu différentes, le glucose apparaît plus tôt et ils constatent sa présence chez la larve vers la fin du filage.

Nos recherches à ce sujet ont porté sur quatre séries d'élevage, échelonnés en trois années. Il résulte de nos expériences que le moment d'apparition du glucose est loin d'être fixe comme le prouve l'exposé suivant :

I. *Expériences faites en 1902 par l'un de nous* (1). — Vers bavants, absence de glucose dans les parois de la larve ;

Larves vers la fin du filage, avant leur transformation en chrysalides	absence de glucose ;
Chrysalides jeunes	absence de glucose ;
Cocons 5 jours avant l'éclosion . .	traces de glucose ;
Chrysalides sur le point d'éclore .	présence de glucose :
Papillons dont la plupart sont fécondés et ont déjà pondu . . .	présence de glucose ;

Dans ces expériences, le glucose fait son apparition dans les tissus de l'animal, vers la fin de la chrysalidation, et il augmente jusqu'à la transformation de la chrysalide en insecte parfait. L'imago renfermait du glucose.

II. *Expériences faites en 1903 sur deux séries d'éducation.*

Première série :

12 Vers à soie bavants	absence de glucose ;
10 vers de cocon de 3 jours . . .	absence de glucose ;

(1) Maignon (1902).

5 chrysalides au début de leur for-
  mation (cocons de 4 jours) . .   absence de glucose ;
10 chrysalides, de cocons de 7 jours. absence de glucose ;
13 chrysalides, de cocons de 15 jours. présence de glucose ;
                                        0 gr. 014 pour 100.

Deuxième série :

15 chrysalides (5 à 7 jours avant
  éclosion) . . . .   absence de glucose ;
11 chrysalides au premier jour d'é-
  closion . . . .   présence de glucose :
                                        0 gr. 0375 pour 100.

10 chrysalides au dernier jour d'é-
  closion . . . .   absence de glucose ;
12 papillons . . . .   absence de glucose ;

Dans ces vers, le glucose n'a apparu qu'à la fin de la chrysalidation
et d'une façon très irrégulière : vers le quinzième jour pour la première série et à la veille de l'éclosion pour la deuxième série. Cette
apparition n'est d'ailleurs pas constante pour la deuxième série puisque des chrysalides de même âge n'en ont pas présenté. Le glucose
n'a pas été retrouvé sur des adultes.

Ces éducations avaient donné beaucoup de morts-flats, mais nous
avons toujours opéré sur des individus bien portants.

III. *Expériences faites en 1904.*

Education du Parc (grande quantité de morts-flats).

20 vers. cinquième âge, en train
  de manger (parois et sang) . .   absence de glucose ;
20 vers bavants, à la montée (pa-
  rois et sang). . . . .   absence de glucose ;
20 vers bavants entiers, à la mon-
  tée . . . .   absence de glucose ;
10 vers (cocons 1 jour) . . . . .   absence de glucose ;
10 vers (cocons 2 et 3 jours) . . .   présence de glucose ;
10 vers (cocons 2 jours) . . . .   présence de glucose ;

Education de la Faculté (faite dans de très bonnes conditions) :

Vers, cinquième âge, en train de manger (parois et sang) . . .	absence de glucose ;
Vers bavants, à la montée (parois et sang)	absence de glucose ;
Vers bavants entiers	absence de glucose ;
Vers (cocons 1 jour)	absence de glucose ;
Vers (cocons 2 jours)	présence de glucose ;
Vers (cocons 3 et 4 jours)	présence de glucose ;
Chrysalides	présence constante de glucose.
Femelles accouplées.	présence de glucose ;
Mâles accouplés	absence de glucose ;

Dans ces deux éducations, effectuées dans des conditions bien différentes mais provenant de graines de même origine, le glucose a apparu à la même époque : *dans les vers des cocons de deux jours.* A partir de ce moment les chrysalides ont toujours montré du sucre jusqu'à l'éclosion. Les adultes nous ont présenté un fait très curieux : la présence du sucre chez les femelles, son absence chez les mâles.

Conclusions. — I. Les éducations faites en 1902 et 1903 nous font assister à une apparition tardive du glucose qui a lieu vers la fin de la chrysalidation.

Les éducations de 1904 nous montrent, au contraire, une apparition hâtive de cette substance, que l'on trouve déjà chez les vers au deuxième jour du filage.

De ces résultats, il ressort que la *date d'apparition du glucose au cours de la nymphose doit être considérée comme très variable.*

Bataillon (1893, p. 90) considère que l'apparition du glucose a lieu à la fin du filage, au moment de la transformation de la larve en chrysalide ; cet auteur attache une grande importance à ce fait qui viendrait témoigner en faveur de sa théorie asphyxique des métamorphoses. Nous venons de démontrer que l'apparition du glucose n'est nullement en rapport avec le début de la chrysalidation et, par suite, elle ne peut pas être considérée comme la conséquence des troubles circulatoires et respiratoires qui ont lieu à ce moment. D'ailleurs, la présence du sucre chez les adultes, qui ne sont pas en état asphyxique, montre bien que la glycémie observée chez le *Sericaria mori* ne doit pas être considérée comme d'origine asphyxique.

II. L'absence de glucose dans les parois du corps des larves en train de manger nous a amené incidemment à rechercher le lieu de destruction du sucre alimentaire contenu en abondance dans le tube digestif. Nous nous sommes demandé si ce glucose, absorbé au niveau de l'épithélium intestinal, ne passait pas dans le sang.

A cet effet, nous avons effectué des prises de sang sur des vers, en sectionnant, soit la pointe de l'éperon dorsal, soit l'extrémité d'une fausse patte. Le liquide sanguin obtenu est étendu d'eau, coagulé par la chaleur et filtré. Le filtratum est traité par la phénylhydrazine comme nous l'avons indiqué précédemment.

Dans aucun cas, nous n'avons pu déceler une trace de glucose. Ni les parois du corps, ni le liquide sanguin de ces vers en pleine activité digestive ne renferment de glucose ; il faut donc que cet hydrate de carbone se détruise au niveau de l'épithélium intestinal.

En employant la méthode de de Waele (1), nous avons pu déceler la présence du glucose dans l'intérieur des cellules de cet épithélium ; il semble s'y trouver en très grande abondance, car après l'emploi de cette méthode, l'épithélium est fortement coloré en noir. Cette coloration est bien due à la réduction et non à l'action de l'acide osmique sur les graisses, car la liqueur de Flemming ne donne à l'épithélium intestinal qu'une coloration faiblement grisâtre.

L'étude chimique et histologique nous prouve donc que, chez le Ver à soie, *le sucre est détruit, au cours de la digestion, au niveau*

(1) Fixer le tube digestif pendant une demi-heure dans le mélange suivant maintenu à 65 degrés :

    Solution d'acétate de cuivre à 5 pour 100 . . . 10 parties.
    Solution d'acide osmique à 2 pour 100 . . . . 1 partie.

Laisser ensuite les tissus pendant quelque temps dans la liqueur d'Hermann. Faire les coupes à la paraffine. Le glucose amène la réduction de l'acide osmique. Contrôler que la coloration noire obtenue n'est pas due à des graisses en faisant des coupes sur des intestins fixés simplement au Flemming [de Waele : *Livre jubilaire*, Ch. von Bambeke, Bruxelles, 40 (1899)].

de l'épithélium intestinal, ou immédiatement à son arrivée dans le sang.

B) COURBES DES VARIATIONS DU GLUCOSE. — *Historique.* — Bataillon et Couvreur (1892) sont les premiers auteurs qui aient établi une courbe des variations du glucose au cours de la nymphose du Ver à soie. D'après eux, cet hydrate de carbone augmenterait rapidement les premiers jours pour croître ensuite d'une façon lente et régulière jusque vers la fin de la vie chrysalidaire ; il atteindrait un maximum trois à quatre jours avant l'éclosion. Cette courbe a le défaut de n'être établie qu'au moyen de six points ; du quatrième au dix-neuvième jour, aucun dosage n'a été effectué.

La courbe III que nous avons obtenue par des dosages de glucose effectués chaque jour, pendant toute la durée de la métamorphose, est tout à fait différente de celle des précédents auteurs. Sa caractéristique dominante est sa très grande irrégularité ; mais si, malgré cette irrégularité, on essaie de se rendre compte de l'allure générale de la courbe, on s'aperçoit qu'elle va plutôt en s'abaissant depuis le jour d'apparition jusqu'à l'éclosion.

Il est très probable que cette courbe n'a d'ailleurs rien de constant ; elle varie, en tous cas, avec la date d'apparition du glucose. Les conclusions que Bataillon (1893) base sur la forme de cette courbe sont donc sans valeur.

Exposé de nos résultats. — Education faite à la Faculté (très bonnes conditions) :

	Teneur pour 10 individus types — centigr
Vers 5ᵉ âge, en train de manger (parois, sang), absence de glucose.	»
Vers bavants (parois, sang), absence de glucose.	»
Vers bavants entiers absence de glucose.	»
Cocons 1 jour, 10 vers absence de glucose.	»
Cocons 2 jours, 10 vers pèsent gr. 21,5 présence de glucose à raison de cgr. 10,2 0/0	1 84
— 3 — 10 — — 16,5 — — 6,1 —	0 94
— 4 — 9 — — 13 — — 8,8 —	1 23
— 5 — 10 chrysal. — 13 — — 5,1 —	0 68
— 6 — 10 — — 15 — — 9,7 —	1 30
— 7 — 10 — — 16 — — 5,5 —	0 71
— 8 — 10 — — 15 — — 2,8 —	0 36

III. — *Courbes de variations du GLUCOSE, au cours de la nymphose*
du Ver à soie.

(en centigrammes)

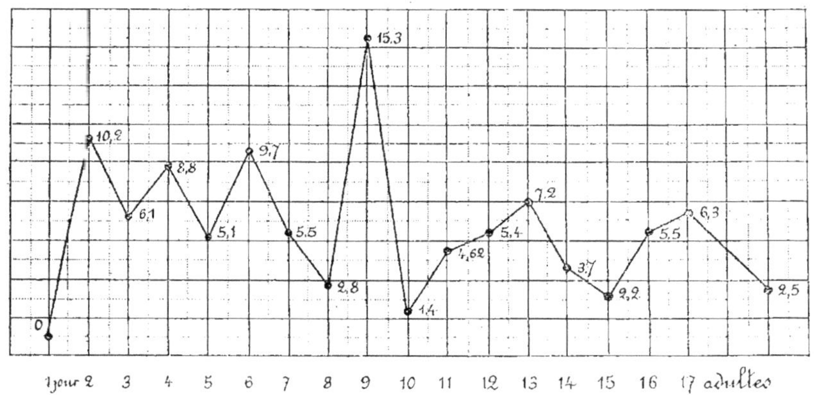

A. — Pour 100 grammes de tissus.

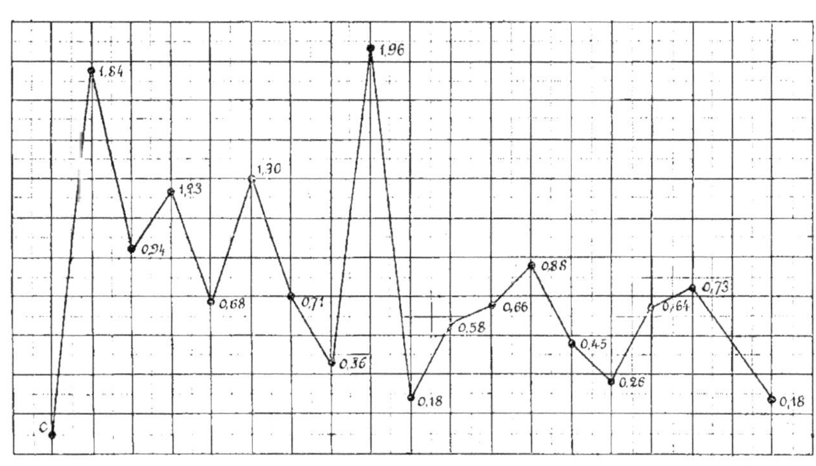

B. — Pour dix individus types.

					Teneur pour 10 individus types — centigr.
Cocons 9 jours, 10 chrys. pèsent gr. 13	présence de glucose à raison de cgr.	15,3	—	1 96
— 10 — 10 — — 13	—	—	1,4	—	0 18
— 11 — 10 — — 14,5	—	—	4,62	—	0 58
— 12 — 10 — — 14	—	—	5,4	—	0 66
— 13 — 10 — — 13	—	—	7,2	—	0 88
— 14 — 10 — — 13,5	—	—	3,7	—	0 45
— 15 — 10 — — 12,5	—	—	2,2	—	0 26
— 16 — 10 — — 13,5	—	—	5,5	—	0 64
— 17 — 10 — — 14,5	—	—	6,3	—	0 73
Femelles accouplées, 10 — 8	—	—	3,8	—	0 18
Mâles accouplés, 10 — 4	absence de glucose.			mâles et femelles

c) VARIATIONS DU GLUCOSE SOUS L'INFLUENCE DE L'ASPHYXIE. — L'un de nous (1) a déjà montré que les tissus animaux soumis à la vie asphyxique sont l'objet d'un double processus de production et de consommation de glucose. Suivant que l'un ou l'autre de ces phénomènes prédomine, on assiste à l'augmentation ou à la diminution de la quantité primitive de cette substance.

Nous avons recherché sur le Ver à soie, aux différents stades de son évolution, les variations de la teneur en glucose sous l'influence d'une asphyxie de vingt-quatre heures en moyenne.

Mode opératoire. — La vie asphyxique est réalisée par l'immersion des tissus ou chrysalides dans un bain d'huile, au préalable stérilisé et privé d'air par l'ébullition. Ces tissus sont auparavant plongés pendant quelques instants dans une solution de fluorure de sodium à 2 pour 100 ; de cette manière, on se met à l'abri de toute influence microbienne. Ces tissus et chrysalides sont retirés de l'huile au bout de vingt-quatre heures, en moyenne, absolument indemnes de toute putréfaction. Le bain d'huile est maintenu à la température du laboratoire (18 à 20 degrés). Le dosage du glucose s'effectue comme nous l'avons indiqué précédemment.

Exposé des résultats. — Les résultats que nous avons obtenus montrent qu'il n'y a rien de régulier dans les variations de la teneur en glucose sous l'influence de l'asphyxie ; car, ainsi que le montre

(1) Maignon (1902).

le tableau suivant, il y a tantôt production, tantôt destruction de cet hydrate de carbone pendant des périodes d'asphyxie sensiblement les mêmes.

	Nombre de Vers ou Chrysalides	Poids	Durée de l'asphyxie en heures	Teneur en glucose après asphyxie cgr. 0/0 gr.	Teneur en glucose primitive cgr. 0/0 gr.	Différences + production — destruction cgr. 0/0
Cocons 1 jour	9 Vers	19 gr.	24 h.	4 cgr. 9	0	+ 4 cgr. 9
— 2 jours	10 —	18 gr.	29	5 cgr. 3	10.2	— 4 cgr. 9
— 3 —	10 —	15 gr. 5	27	9 cgr. 0	6.1	+ 2 cgr. 9
— 4 —	10 —	14 gr.	28	12 cgr. 5	8.8	+ 3 cgr. 7
— 5 —	10 —	14 gr.	24	9 cgr. 42	5.1	+ 4 cgr. 32
— 6 —	10 —	14 gr.	24	6 cgr. 9	9.7	— 2 cgr. 8
— 7 —	10 —	15 gr.	28	10 cgr. 2	5.5	+ 4 cgr. 7
— 8 —	10 —	14 gr.	24	12 cgr. 3	2.8	+ 9 cgr. 5
— 9 —	10 —	13 gr. 5	29	8 cgr. 0	15.3	— 7 cgr. 3
— 10 —	10 —	12 gr.	19	4 cgr. 5	1.4	+ 3 cgr. 1
— 11 —	10 —	13 gr. 5	23	11 cgr. 2	4.6	+ 6 cgr. 6
— 12 —	10 —	12 gr.	28	7 cgr. 7	5.4	+ 2 cgr. 3
— 13 —	10 —	14 gr.	28	19 cgr. 6	7.2	+ 12 cgr. 4
— 14 —	10 —	12 gr.	18	9 cgr. 0	3.7	+ 5 cgr. 3
— 15 —	10 —	13 gr.	18	6 cgr. 3	2.2	+ 4 cgr. 1
— 16 —	10 —	13 gr. 5	28	5 cgr. 8	5.5	+ 0 cgr. 3
— 17 —	10 —	15 gr.	48	13 cgr. 3	6.3	+ 7 cgr. 0
Acultes femelles accouplées...	10 —	8 gr.	26	5 cgr. 4	3.8	+ 1 cgr. 6
Acultes mâles accouplés...	10 —	4 gr. 5	26	Absence de glucose..	Absence de glucose. .	0

GLYCOGÈNE AU COURS DE LA NYMPHOSE

HISTORIQUE. — Claude Bernard (1879), après ses remarquables travaux sur la fonction glycogénique du foie, étend ses recherches aux Invertébrés. Chez les Insectes, il décèle la présence du glycogène dans les tissus de la larve et dans ceux de l'adulte. Les études de ce grand physiologiste portent tout d'abord sur les asticots (larves de mouche), dans lesquels il trouve une abondance telle de glycogène qu'il les compare à de véritables sacs à glycogène ; il localise la plus grande partie de cet hydrate de carbone dans le corps adipeux de l'animal, mais il en rencontre néanmoins dans les autres tissus, sauf dans la peau.

Cette question de la glycogénie chez les Insectes a été reprise sur le Ver à soie par Bataillon et Couvreur (1892), Bataillon (1893) et Dubois et Couvreur (1901), qui ont étudié les variations du glycogène au cours de la nymphose. Ces auteurs constatent une forte production de glycogène au début de la chrysalidation : six vers, au commencement du filage, renferment 22 milligrammes de glycogène ; deux jours plus tard, à la veille de la chrysalidation, ils contiennent 33 milligrammes ; le maximum a lieu pour les chrysalides d'un jour qui en renferment 53 milligrammes. A partir de ce moment, le glycogène va en baissant constamment : le lendemain, il n'y en a plus que 30 milligrammes, et, à la fin de la vie chrysalidaire, on n'en trouve plus que des quantités inappréciables.

Les conclusions auxquelles arrivent ces trois derniers auteurs semblent dériver d'une seule série de recherches : les chiffres donnés par Dubois et Couvreur (1901) étant exactement les mêmes que ceux de Bataillon et Couvreur (1892).

La courbe de variation du glycogène donnée par Bataillon (1893) n'est construite qu'avec cinq points, elle saute directement du sixième au vingt-deuxième jour. D'autre part, cet auteur n'a pas tenu compte de la sexualité qui influe sur la richesse en glycogène, ainsi que nous le montrerons plus loin.

Nous avons établi la courbe de variation du glycogène, au cours de la nymphose, par des dosages répétés chaque jour et en ayant toujours soin de prendre des lots renfermant, autant que possible, un nombre égal de mâles et de femelles.

Dans une autre série de recherches, nous avons étudié les relations qui existent entre la richesse en glycogène et la sexualité, en nous adressant à des chrysalides à la veille et avant-veille de l'éclosion, et à des adultes. Enfin, nous avons cherché les variations du glycogène dans les œufs au début de leur développement.

Dosage du Glycogène

CRITIQUE. — Avant la connaissance de la méthode de Fraënkel, le dosage du glycogène chez le Ver à soie était une opération difficile. Le procédé de Brücke, comme l'indique Bataillon, a l'inconvénient de dissoudre une petite quantité de soie qui est ensuite précipitée par l'alcool ; aussi, cet auteur a-t-il recours à une méthode indirecte : il transforme le glycogène en glucose, au moyen de la diastase salivaire, et dose le sucre ainsi obtenu.

Dans nos recherches, nous nous sommes servis de la méthode Fraënkel-Garnier, qui consiste à utiliser l'acide trichloracétique comme dissolvant du glycogène.

EXPOSÉ DES RÉSULTATS. — I. *Education de la Faculté.*

Première série :

								Teneur pour 10 individus types gr.
Vers 5ᵉ âge, tube dig. plein, parois contiennent en glycogène, gr.						1,337	0/0	»
Vers bavants, (20 vers, parois,	15 gr. contiennent 157 mgr. de glycogène, soit gr					1,046	—	»
tube dig. vide,(10 vers entiers,	27	—	261	—		0,966	—	»
Coco s 1 jour,	12 vers	29	—	250	—	0,862	—	»
— 1 —	9 —	18,5	—	131	—	0,708	—	0 154
Cocons 2 jours,	10 —	17,5	—	169	—	0,965	—	0 174
— 3 —	10 —	16	—	122	—	0,760	—	0 117
— 4 —	10 —	15,7	—	207	—	1,318	—	0 185
— 5 —	10 chrysal.	13	—	207	—	1,592	—	0 214
— 6 —	10 —	14	—	211	—	1,510	—	0 203
— 7 —	10 —	14	—	208	—	1,485	—	0 193
— 8 —	10 —	15,5	—	195	—	1.258	—	0 162
— 9 —	10 —	14,5	—	165	—	1,131	—	0 145
— 10 —	10 —	14	—	152	—	1,085	—	0 137
— 11 —	10 —	15	—	154	—	1,153	—	0 144
— 12 —	10 —	13,5	—	155	—	1,155	—	0 142
— 13 —	10 —	14	—	69	—	0,492	—	0 060
— 14 —	10 —	12	— •	82	—	0,683	—	0 083
— 15 —	10 —	13,5	—	101	—	0,748	—	0 089
— 16 —	10 —	13,5	—	92	—	0,681	—	0 080
— 17 —	10 —	12,5	—	44	—	0,360	—	0 041

Deuxième série :

								Teneur pour 10 individus types — gr.
Vers bavants,	20 vers, parois pèsent gr. 18,5 contiennent 368 mgr. de glycogène, soit gr. 1,989 0/0							»
Cocons 2 jours,	10 —	pesant	15,5 —	65	—	0,419 —		0 075
— 3 —	10 —	—	15 —	105	—	0,700 —		0 107
— 4 —	{ 9 chrys. / 1 ver } —		14,5 —	277	—	1,909 —		0 268
— 6 —	10 chrys. —		15 —	240	—	1,606 —		0 223

II. *Education du Parc.*

		Pesant gr.	Gr.	Mm/gr.		Gr.
Vers 5e âge, t. d. plein, 20 vers			parois 18,5 contiennent 290 glycogène, soit 1,567 0/0			
Vers bavants, t. d. vide, 23	--	43,5 dont parois 17	— 326	—		1,917 —
— —	10 —	21,5	— 167	—		0,773 —
Cocons 1 jour,	20 —	39,8	— 623	—		1,565 —
— 5 jours,	9 chrys. 14		— 225	—		1,607 —
Mâles accouplés,	12 —	3,5	— 7	—		0,200 —
Femelles accouplées,	12 —	6,5	— 84	—		1,292 —

L'examen des résultats précédents et de la courbe de variation IV du glycogène établie pour une série de dix vers nous montre une formation brusque de glycogène dès le début du filage. La richesse en glycogène passe par un maximum qui semble coïncider avec le moment de la transformation de la larve en chrysalide. A partir de cette époque la quantité de glycogène va sans cesse en diminuant. La courbe subit une chute rapide immédiatement après ce maximum et le même accident se reproduit à la veille de l'éclosion. Le dosage du glycogène chez le papillon, au moment de l'accouplement, indique, au contraire, une nouvelle augmentation de cette substance.

Quels sont les Tissus qui renferment le Glycogène ?

Pour faire cette étude histologique, les vers et chrysalides ont été fixés dans l'alcool absolu et le glycogène a été décelé soit par la méthode à la gomme iodée, soit par celle de Lubarsch au violet de gentiane. Les deux procédés nous ont donné des résultats identiques au point de vue de la localisation du glycogène, mais la méthode de Lubarsch nous a fourni de belles préparations permanentes. Donnons ici le résumé de nos opérations pour chacune de ces méthodes.

1° *Méthode à la gomme iodée.* — Les portions de vers ou de chry-

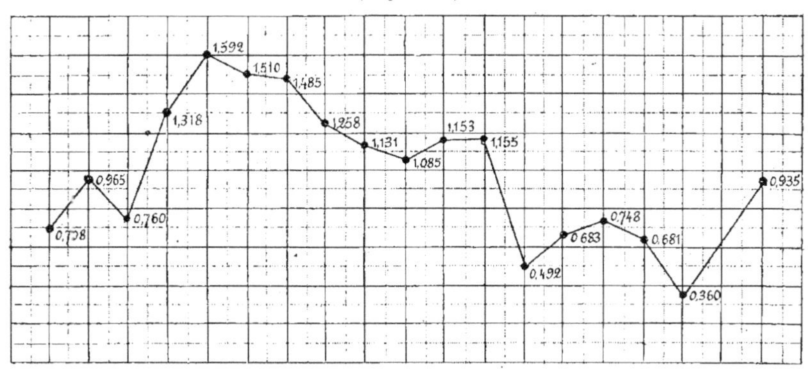

A. — Pour 100 grammes de tissus.

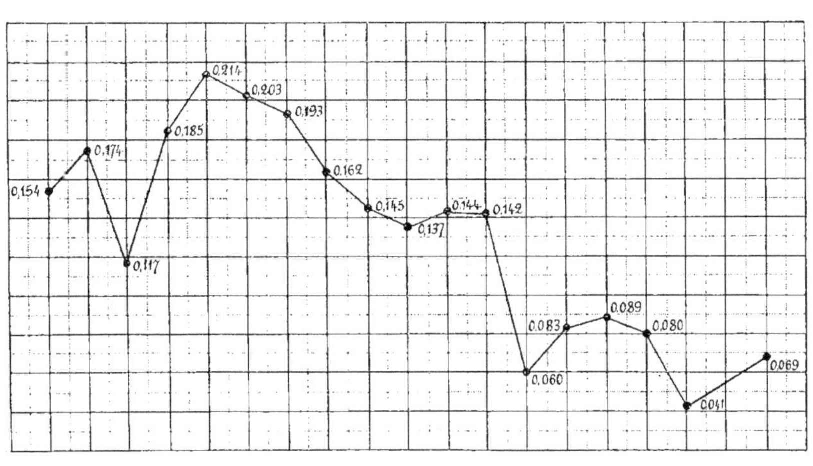

B. — Pour dix individus types.

salides fixées à l'alcool absolu sont enrobées dans du collodion. Les coupes effectuées sont traitées par la gomme iodée. Le glycogène apparaît alors dans les tissus grâce à la coloration brun acajou qu'il prend au contact de l'iode.

2° *Méthode de Lubarsch au violet de gentiane*. — Les coupes obtenues par la méthode ordinaire à la paraffine et non étalées à l'eau sont colorées vingt-quatre heures par le carmin alcoolique de Mayer, puis différenciées à l'alcool chlorhydrique et lavées finalement à l'alcool absolu. On colore ensuite pendant une à deux minutes avec une solution de violet de gentiane et d'eau anilinée provenant d'un mélange de trois parties d'une solution contenant :

> Alcool absolu . . . . .   33 centimètres cubes
> Aniline . . . .   9 centimètres cubes
> Poudre de violet de gentiane.   à saturation.

et dix-sept parties d'une solution concentrée de violet de gentiane dans l'eau.

Après cette coloration, on fait un lavage très rapide à l'eau, suivi d'un lavage non moins rapide dans la solution de Gram ; l'ensemble de ces deux opérations ne doit pas durer plus de cinq secondes.

On sèche ensuite la lame avec du papier non collé de water-closet et on répand, à la surface des coupes desséchées, une solution de xylol dans l'huile d'aniline, dans la proportion de 2 de xylol pour 1 d'aniline. On effectue un lavage au xylol et on monte au baume.

Après cette série d'opérations, le glycogène prend une couleur bleu foncé ou violette et les noyaux des cellules ont une teinte rougeâtre. La différenciation est bien nette après vingt-quatre heures d'exposition à la lumière diffuse, mais ensuite, les préparations doivent être conservées à l'ombre.

L'emploi de ces méthodes nous a permis de déceler le glycogène, en quantité appréciable, dans le tissu adipeux, les leucocytes et les muscles ; la majeure partie de cette substance se trouve dans les cellules adipeuses. Examinons en détail la répartition du glycogène dans ces différents tissus.

TISSUS ADIPEUX. — Chez le ver, à la montée, le glycogène apparaît seulement en quantité appréciable dans les cordons adipeux (pl. II, fig. 8) ; nous n'en trouvons aucune trace dans l'hypoderme dont les noyaux et le cytoplasme prennent une coloration rougeâtre par la méthode de Lubarsch. Par ce mode de coloration, les cellules adipeuses, à contours peu marqués, ont un cytoplasme réticulaire à travées violet rougeâtre, mais en quelques points d'un violet bleuâtre ; leurs noyaux sont irréguliers et renferment des granules rougeâtres de chromatine. Le glycogène apparaît sous forme de plaques violettes surtout réparties à la périphérie des cellules ; ces plaques présentent dans leur intérieur des taches d'un violet foncé indiquant en ces points une accumulation de glycogène.

Dans ces cellules adipeuses, la gomme iodée colore en brun acajou de nombreuses vacuoles dont le centre est quelquefois d'un brun très foncé.

Chez la chrysalide nouvellement formée (4 jours après la montée), les cellules adipeuses, comme nous le verrons au sujet de la localisation de la graisse, se séparent les unes des autres et leurs contours s'arrondissent. Traitées par la méthode de Lubarsch (pl. B, fig 9 et 9'), ces cellules montrent un cytoplasme présentant vers la périphérie de grandes vacuoles, à travées rouge violacé, au sein desquelles se trouve un précipité granuleux violet foncé ; quant aux noyaux, ils sont plus ou moins bien délimités et présentent des grains de chromatine colorés en rouge. En employant la méthode à la gomme iodée on décèle de petites vacuoles nombreuses à contenu brun acajou, entourant souvent des vacuoles de plus grande taille.

LEUCOCYTES. — Les leucocytes que l'on trouve souvent appliqués contre les cellules adipeuses présentent aussi, après la coloration au violet de gentiane, de nombreuses granulations violacées dues au glycogène (pl. B, fig. 10).

MUSCLES. — Les muscles renferment eux aussi du glycogène, car, par la méthode de Lubarsch, ils prennent un coloration violet foncé, et la gomme iodée les colore en jaune brunâtre ; ils semblent uniformément imprégnés de glycogène.

Comme nous l'indiquerons plus loin, les *œufs enfermés dans le corps de la femelle* renferment du glycogène, ce qui prouve que cet hydrate de carbone se forme dans les glandes génitales, mais nous n'avons pas cherché à l'y déceler.

Nous n'avons pas trouvé de glycogène ni dans les glandes séricigènes dont les noyaux prennent une belle coloration rougeâtre par la méthode de Lubarsch, ni dans l'épithélium digestif, ni dans les cellules hypodermiques.

LE GLYCOGÈNE EST-IL D'ORIGINE HISTOLYTIQUE ? — L'étude des localisations du glycogène, au cours de la nymphose, semble bien montrer que cette substance n'est pas d'origine histolytique comme le suppose Bataillon (1893). *C'est, en effet, dans les éléments qui présentent le plus d'activité pendant la métamorphose, cellules adipeuses, leucocytes et glandes génitales, que l'on rencontre du glycogène en grande abondance* et non pas dans les tissus en voie d'histolyse.

D'ailleurs, on constate, en général, que le glycogène est surtout abondant dans les tissus jeunes et en voie de développement ; c'est ainsi qu'il se trouve en fortes proportions dans les embryons, les glandes génitales et les tumeurs malignes ; de même, les tissus de jeunes animaux sont toujours beaucoup plus riches en glycogène que les tissus d'animaux âgés.

Influence de la Sexualité sur la teneur en Glycogène

Nous nous sommes demandé s'il existait une différence dans la teneur en glycogène entre les chrysalides et les adultes mâles et femelles. A cet effet, nous avons dosé le glycogène dans des séries mâles et femelles de chrysalides sur le point d'éclore, d'adultes pendant et après l'accouplement.

Les résultats que nous avons obtenus sont les suivants :

10 chrysalides femelles de 16 jours, pesant 15 gr., renferment 145 mgr. de glycogène soit 0,966 °/₀

10   —   —   de 17 —   —   13,75   —   87,5 mgr.   —   0,636 —
10   —   mâles de 17 —   —   9, »   —   6S mgr.   —   0,755 —

10 adultes femelles accouplées, pesant 9 gr., renferment 110 mgr. de glycogène soit 1,229 °/₀
10 —   mâles   —   — 5 gr.,   —   21 mgr.   —   0,420 —

10 adultes femelles, après accouplement et ponte, pesant 3,07   —   40 mgr.   —   1,300 —
10 —   mâles, après accouplement, pesant   3 »   —   26 mgr.   —   0,888 —

Nous voyons, d'après ces résultats, que les mâles renferment beaucoup moins de glycogène que les femelles, à poids égal et aussi à nombre d'individus égal.

On observe, en outre, au moment de l'éclosion, une augmentation

très sensible de glycogène chez les femelles, tandis que cette sub
stance diminue chez les mâles.

Glycogène dans les Œufs de Ver à Soie

Dans son beau travail sur les études chimiques de l'œuf de Ver à soie, au cours de son développement, Tichomiroff (1885) a dosé, dans ces œufs, le glycogène en employant la méthode de Brücke.

Pour les œufs non développés, Tichomiroff trouve que 19 gr. 3788 de ces œufs contiennent 0 gr. 3838 de glycogène, c'est-à-dire 1,98 pour 100 du poids des œufs ou 5,. 79 pour 100 de la substance sèche. Les œufs développés contiennent beaucoup moins de glycogène que ceux qui n'ont pas encore passé l'hiver : 19 gr. 6970 de ces œufs renferment 0 gr. 1643 de glycogène, soit seulement 0, 83 pour 100 du poids total des œufs, ou 2, 26 pour 100 du poids de la substance desséchée.

Nous avons constaté, de même, une baisse très sensible du gly-cogène au début du développement. Voici l'exposé de nos résultats :

	Gr.	Mmgr.	Gr.
Œufs dans femelles accouplées	3,95 contiennent	56 de glycogène, soit,	1,670 0/0
Œufs pondus depuis 2 à 4 jours, jaunes .	4 —	114 —	2,850 —
Œufs pondus depuis 7 à 8 jours, grisâtres.	5,72 —	50 —	0,874 —

La différence observée entre les deux premiers résultats n'indique pas une formation de glycogène, mais simplement la dessiccation et, par conséquent, la perte de poids subie par les œufs après la ponte.

En comparant la teneur pour 100 en glycogène des femelles accou-plées avec celle des œufs contenus dans ces femelles, on trouve des chiffres assez voisins : 1,229 pour 100 et 1,670 pour 100 ; ceci prouve que le glycogène est à peu près également réparti entre les organes reproducteurs et les organes de la vie végétative.

GRAISSE AU COURS DE LA NYMPHOSE

HISTORIQUE. — Couvreur (1895) recherche la quantité de graisse contenue dans le Ver à soie au cours de la nymphose. Il ramène les proportions pour 100 de graisse au poids initial des vers. Après cette correction, les poids de graisse pour 100 grammes de vers sont les suivants :

I
  2 jours après la montée . . . .   3 gr. 54
  4 jours après la montée . . . .   2 gr. 04

II
  6 jours après la montée . . . .   1 gr. 77
  10 jours après la montée . . . .   1 gr. 65
  14 jours après la montée . . . .   1 gr. 65

III
  21 jours après la montée . . . .   1 gr. 10
  18 jours après la montée . . . .   1 gr. 19

D'après ce tableau, cet auteur constate :

Que du 2ᵉ au 6ᵉ jour après la montée, la graisse subit une diminution notable, 50 pour 100 ; du 6ᵉ au 14ᵉ jour, la proportion varie peu, et qu'une deuxième baisse se produit du 14ᵉ jour au moment de l'éclosion, baisse bien moins importante que la première.

Dubois et Couvreur (1901) donnent la teneur en graisse de 6 vers, du jour de la montée à l'éclosion. Leurs résultats sont les suivants :

  2 jours après la montée . . . . . .   3 gr. 54
  4 jours après la montée . . . . . :   2 gr. 04
  6 jours après la montée . . . . . .   1 gr. 77 ·

A partir de ce moment, la baisse est très lente jusqu'au 15ᵉ jour ; puis, du 15ᵉ à l'éclosion, nouvelle baisse assez forte (1 gr. 65 à 1 gr. 10) (1).

Nous avons établi la courbe de variation de la graisse à l'aide de dosages effectués chaque jour, au cours de la nymphose.

---

(1) Nous voyons que les poids de graisse obtenus dans ces deux expériences sont exactement les mêmes. Or, dans l'une d'elles, ces résultats se rapportent à des poids de 100 grammes de vers, tandis que dans l'autre, ils indiquent la graisse contenue dans six vers. Le poids de six vers étant loin d'atteindre 100 grammes, il est probable qu'on se trouve là en présence d'une erreur matérielle. Dans les deux expériences, les résultats doivent représenter la quantité de graisse obtenue dans 100 grammes de tissus.

Dosage de la Graisse

Dans nos opérations, nous avons eu recours, comme dissolvant, à l'éther, qui dissout en plus des corps gras quelques autres substances, telles que la cholestérine, les lécithines, etc.

TECHNIQUE SUIVIE DANS LES DOSAGES. — Dix individus pesés sont découpés et triturés dans un mortier avec du sable siliceux ; on ajoute 60 à 80 centimètres cubes d'éther et le tout est transvasé dans un ballon en verre soigneusement bouché. On agite de temps à autre ; vingt-quatre heures après on presse et la liqueur obtenue est filtrée. On décante avec beaucoup de soin la solution éthérée, qu'on laisse évaporer dans une capsule tarée.

Le résidu, desséché sous une cloche en présence de l'acide sulfurique, est ensuite pesé.

EXPOSÉ DES RÉSULTATS. — *Education de la Faculté.*

							Teneur pour 10 individus types centigr.
Vers au 5e âge *(parois)*					2 gr. 444 °/₀ de graisse		»
Vers bavants *(parois)*, 20 vers, poids total 66 gr., *poids des parois* 14 gr. 05 — 0 gr. 541 de graisse					3 gr. 731	—	»
Vers bavants (entiers), 9 vers, 28 gr. contiennent 0 gr. 69 de graisse, soit					2 gr. 464	—	»
Cocons 1 jour, 12 vers, 27 gr. 5 contiennent 0 gr. 888 graisse, soit					3 gr. 229	—	0 706
Cocons 2 jours,	10	—	16 gr. 5	—	0 gr. 533	—	3 gr. 230	—	0´582
— 3	10	—	16 gr. 5	—	0 gr. 502	—	3 gr. 042	—	0 460
— 4	10	—	13 gr.	—	0 gr. 563	—	4 gr. 330	—	0 608
— 5	10 chrys. 13 gr.	—	0 gr. 496	—	3 gr. 815	—	0 514
— 6	10	—	13 gr. 7	—	0 gr. 382	—	2 gr. 788	—	0 374
— 7	10	—	15 gr.	—	0 gr. 462	—	3 gr. 080	—	0 401
— 8	10	—	15 gr.	—	0 gr. 446	—	2 gr. 973	—	0 384
— 9	10	—	15 gr.	—	0 gr. 425	—	2 gr. 833	—	0 363
— 10	10	—	14 gr.	—	0 gr. 419	—	2 gr. 992	—	0 379
— 11	10	—	15 gr.	—	0 gr. 324	—	2 gr. 160	—	0 270
— 12	10	—	14 gr. 5	—	0 gr. 443	—	3 gr. 055	—	0 378
— 13	10	—	12 gr.	—	0 gr. 344	—	2 gr. 866	—	0 343
— 14	10	—	12 gr. 5	—	0 gr. 312	—	2 gr. 496	—	0 304
— 15	10	—	12 gr. 5	—	0 gr. 269	—	2 gr. 152	—	0 256
— 16	10	—	13 gr. 5	—	0 gr. 257	—	1 gr. 911	—	0 224
— 17	10	—	15 gr.	—	0 gr. 357	—	2 gr. 380	—	0 276
Insectes femelles accoup.	10	—	9 gr.	—	0 gr. 252	—	2 gr. 800	—	0 373
— mâles	10	—	4 gr. 5	—	0 gr. 426	—	9 gr. 466	—	mâles et femelles

Education du Parc.

Vers 5e âge (parois) 20 vers, parois : 19 gr. contiennent 0 gr. 840 graisse, soit 4 gr. 421 °/₀
Vers bavants — 24 — — 23 gr. 5 — 1 gr. 519 — 6 gr. 463 —
— (entiers) 10 — entiers pèsent 20 gr. 5 et cont. 0 gr. 646 — 3 gr. 151 —
Cocons 1 jour, 20 vers entiers pèsent 35 gr. 5 et cont. 1 gr. 119 graisse, soit 3 gr. 152 —
— 5 jours, 10 chrys. — 14 gr. 5 — 0 gr. 535 — 3 gr. 689 —
Adultes femelles accouplées, 10 pèsent 7 gr. — 0 gr. 217 — 3 gr. 1 —
— mâles accouplés 10 — 2 gr. 5 — 0 gr. 280 — 11 gr. 2 —

CONCLUSIONS.— *La courbe V, b, de variations de la graisse nous montre une disparition progressive de cette substance pendant toute la durée de la nymphose ; la consommation est surtout intense au début et à la fin de cette période. Du 1ᵉʳ au 6ᵉ jour, la courbe s'abaisse rapidement, ; du 6ᵉ au 13ᵉ jour, son inclinaison est faible, et du 13ᵉ au 16ᵉ jour, on assiste à une nouvelle chute rapide. Il existe donc vers la fin de la nymphose une recrudescence de consommation. Au moment de l'éclosion, on voit la quantité de graisse s'élever considérablement, ce qui ne peut s'expliquer que par une élaboration nouvelle de cette substance.*

Les oscillations observées dans la courbe tiennent probablement à ce qu'il est impossible d'opérer sur les mêmes individus ; mais, néanmoins, ces oscillations limitent dans leur partie moyenne une courbe descendante assez régulière, courbe en forme d' S qui se relève rapidement au moment de l'éclosion.

Notre courbe de variations de la graisse concorde dans sa plus grande partie avec celle que l'on peut établir en partant des résultats de Couvreur. Dans les deux cas, la courbe s'abaisse rapidement jusqu'au 6ᵉ jour pour devenir ensuite une ligne à peu près droite et très peu inclinée ; pour Couvreur, la courbe garde cette allure jusqu'à l'éclosion, tandis que nous constatons une chute rapide portant sur les quatre ou cinq jours précédant la sortie du papillon. Au moment de l'éclosion, la courbe se relève brusquement, témoignant ainsi d'une nouvelle production de graisse au moment du passage de l'état chrysalidaire à l'état adulte.

Localisation de la Graisse au cours de la Nymphose

1° *Recherches chimiques.*

Pour les vers bavants, nous avons comparé la teneur en graisse des parois du corps à celle des vers entiers.

V. — *Courbes de variations de la GRAISSE, au cours de la nymphose
du Ver à soie.*

(en grammes)

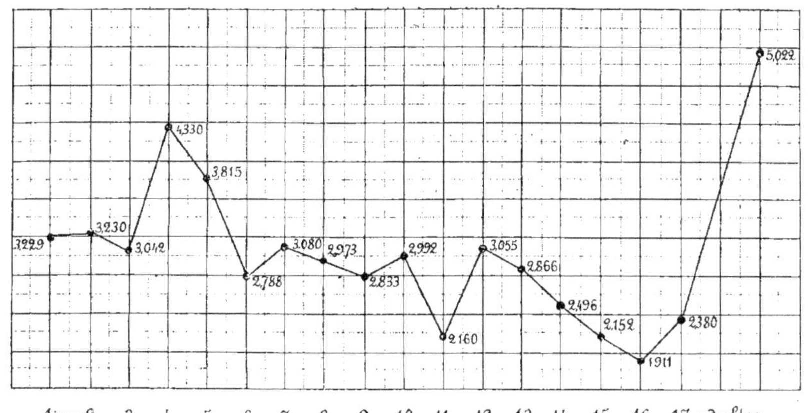

A. — Pour 100 grammes de tissus.

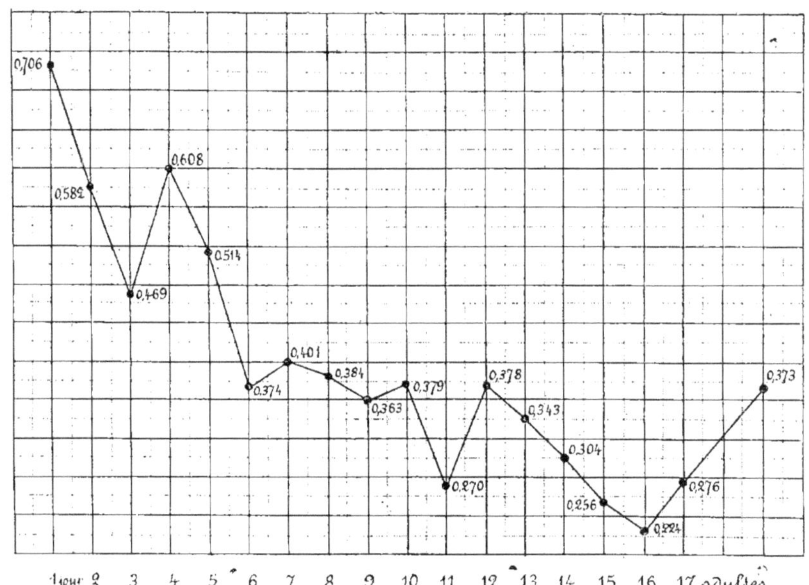

B. — Pour dix individus types.

20 vers bavants, poids total = ... 62 gr. contiennent gr. 1,533 de graisse
20 autres vers bavants du même poids, parois pèsent. 13,6 et renferment gr. 0,507   —

La graisse est donc répartie entre les parois et le reste du corps de la façon suivante :

		Graisse contenue			
Poids des parois.	gr. 13,6	gr. 0,507	soit	gr. 3,718 0/0	
Poids du reste du corps.	gr. 48,4	gr. 1,026	—	gr. 2,119	—
Poids des animaux entiers.	gr. 62 »	gr. 1,533	—	gr. 2,474	—

D'après ces résultats, on voit que les parois du corps comprenant les téguments et les cellules adipeuses, sont presque deux fois plus riches en graisse que les viscères et le sang réunis.

2° *Recherches histologiques.*

Quels sont les tissus producteurs de graisse au cours de la nymphose ?

Pour rechercher où se trouve localisée la graisse au cours de la nymphose, nous nous sommes servis exclusivement de l'acide osmique. Pour cela, nous avons fixé les tissus à la solution forte de Flemming qui colore en noir la graisse, ou bien nous avons traité par une solution d'acide osmique à 2 pour 100 les tissus fixés au formol et bien lavés ensuite à l'eau distillée.

Les tissus qui renferment de la graisse au cours de la nymphose peuvent être classés en deux groupes :

1° Les tissus qui renferment déjà des corps gras chez la larve et qui continuent à en produire pendant la nymphose. A ce groupe appartient le tissu adipeux ;

2° Les tissus qui ne contiennent pas de graisse chez la larve et qui en forment au cours de la métamorphose. A ce groupe se rattachent : l'hypoderme, les glandes séricigènes, les muscles, la paroi du tube digestif, les leucocytes et les glandes génitales. Si, pour certains de ces derniers, on peut dire qu'il y a dégénérescence graisseuse, les glandes séricigènes, par exemple. il ne peut en être de même pour d'autres, tels que les leucocytes, l'épithélium digestif. Examinons en détail chacun de ces tissus formateurs de graisse.

TISSU ADIPEUX. — *Historique.* — Berlese (1902) a suivi avec soin le développement et les modifications du tissu adipeux du *Sericaria mori* depuis l'embryon jusqu'à l'adulte. Pendant la nymphose, cet auteur constate que les cellules adipeuses se séparent les unes des autres et que le cytoplasme et le noyau diminuent de volume. A la veille de la chrysalidation, on trouve des granules albuminoïdes très abondants dans le cytoplasme et, à la périphérie des cellules, apparaissent aussi des granules d'urates. Dans la chrysalide d'un jour, les granules albuminoïdes diminuent, tandis que les produits uriques deviennent plus abondants ; puis ces granules disparaissent graduellement au cours de la nymphose. Chez l'adulte, les cellules adipeuses sont de nouveau réunies en masses ; leur cytoplasme montre de très grandes vacuoles, spécialement autour du noyau, vacuoles remplies par de la matière grasse. Nos observations confirment en grande partie celles de Berlese.

Observations personnelles. — Chez le ver bavant, le tissu adipeux apparaît sous la forme de cordons cellulaires (pl. I, fig. 2) placés entre l'hypoderme et le tube digestif. Chaque cordon comprend un grand nombre de cellules comprimées les unes contre les autres, à contours polygonaux ; dans quelques cas, chaque cordon se compose d'une seule file de cellules qui ont alors un aspect rectangulaire. Le cytoplasme de ces cellules est réticulé et se colore en rose par le carmin ; leur noyau à contours irréguliers renferme de nombreux grains de chromatine et présente souvent des prolongements pénétrant plus ou moins avant dans le cytoplasme. Fréquemment, les cordons de tissu adipeux du ver commençant à baver sont limités par une sorte de membrane anhiste contre laquelle viennent s'appliquer des leucocytes. Les cellules du tissu adipeux du ver à la montée renferment des gouttelettes graisseuses placées dans certaines alvéoles du cytoplasme (pl. I, fig. 1) ; ces gouttelettes sont inégalement réparties : on les trouve aussi bien vers le voisinage du noyau qu'à la périphérie de la cellule. Elles se fusionnent parfois et forment des gouttelettes de grande dimension, et même des traînées graisseuses très importantes apparaissant comme de larges taches noirâtres dans les coupes fixées au Flemming. Sur ces mêmes coupes colorées à la safranine, on trouve, disséminées dans tout le cytoplasme, des granulations très fines colorées en rouge qui doivent probablement correspondre aux granulations albuminoïdes constatées par Berlese.

Les cellules de ce tissu adipeux dans la *jeune chrysalide* forment des masses plus compactes que les cordons signalés précédemment

(pl. A, fig. 6). Dans ces masses, les cellules se séparent progressive-
ment les unes des autres ; parfois,. comme dans la figure 6, les
cellules périphériques sont réunies les unes aux autres et appliquées
extérieurement contre une sorte d'enveloppe très mince, tandis que
les cellules centrales sont déjà disjointes et, de ce fait, ont leurs
contours arrondis. Le cytoplasme de ces cellules renferme des
alvéoles de grande dimension dont certaines sont remplies de matières grasses ; quant au noyau, il est très riche en granulations de
chromatine et ses contours sont très irréguliers.

Dans une *chrysalide de huit jours, les cellules adipeuses* (pl. A,
fig. 7 et 7') sont complètement séparées les unes des autres, le
cytoplasme s'est fortement vacuolisé, le noyau a un aspect plus ou
moins fripé et renferme peu de chromatine. Les vacuoles cytoplasmiques sont réparties dans toute la cellule et sont peu différentes
les unes des autres ; elles sont séparées par des travées à aspect alvéo-
laire. Quelquefois, les vacuoles se réunissent et donnent alors naissance à une grande vacuole centrale limitée en certains points par
une faible couche cytoplasmique. Ces cellules adipeuses sont bour-
rées de matière grasse et,. même chez des chrysalides de quinze
jours, cette graisse est encore très abondante.

Fréquemment, contre ces cellules adipeuses libres, on trouve
accolés des leucocytes bourrés de granulations, ressemblant à de
véritables boules à noyaux *(Körnchenkugeln)*.

Ainsi, *au cours de la nymphose, les cellules adipeuses renferment
toujours des granulations graisseuses ;* c'est ce qu'avait déjà observé
Berlese, mais, contrairement à ce que décrit ce savant italien, nous
n'avons remarqué que de très faibles variations dans les dimensions
de ces éléments adipeux.

MUSCLES. — *Historique.* — Déjà de Bruyne (1898) avait trouvé
des gouttelettes graisseuses dans les muscles des nymphes de sept
jours de *Sericaria mori.* D'après cet auteur, la substance contractile
subissait la dégénérescence graisseuse et l'ensemble de la partie
atteinte par la destruction se groupait autour du noyau, les granulations étant plus ou moins régulièrement répandues dans le sarcoplasme. Çà et là, des granulations graisseuses isolées, ou quelques-
unes réunies, se trouvent répandues dans le voisinage immédiat du
muscle en dégénérescence, ou entre les cellules sarcoplasmatiques

chargées des mêmes produits ; des leucocytes pérégrinant et rencontrant ces granulations sur leur passage peuvent les englober.

Observations personnelles. — Dans une chrysalide de quatre jours, venant de se former, on assiste, dans certains muscles, aux premières phases d'une véritable dégénérescence graisseuse. C'est ce que nous indiquent bien les coupes de matériaux fixés au Flemming et colorés à la safranine.

Dans le muscle représenté (pl. II, fig. 11), on reconnaît deux sortes de noyaux : les uns périphériques et de petite dimension, sont plongés dans un sarcoplasme très développé ; les autres, quelquefois de grosse taille, sont centraux et presque en contact direct avec le myoplasme. C'est surtout dans ces derniers que l'on trouve les manifestations les plus nettes de dégénérescence graisseuse. La chromatine de ces noyaux est en très grande partie formée de granulations plus ou moins contiguës ; au sein du noyau, on distingue des aires claires renfermant dans leur intérieur des granulations graisseuses. La membrane nucléaire semble n'exister que sur quelques régions de ce noyau ; aux points où l'on n'en trouve aucune indication, les granulations graisseuses sont très abondantes et forment des masses en contact direct avec les granulations de chromatine.

Autour de ce noyau, on distingue une région colorée en brun marron (après fixation au Flemming et coloration à la safranine). En certains points, cette région est composée de cytoplasme plus ou moins dense, chargé de granulations graisseuses ; en d'autres, elle est formée de fibres longitudinales, mais dans lesquelles on n'aperçoit aucune striation transversale ; les intervalles séparant ces fibres sont remplis de cytoplasme coloré en rose par la safranine et qui renferme, disséminées de distance en distance, des granulations graisseuses se présentant sous forme de gouttelettes allongées dans le sens des fibres. La striation transversale des fibres musculaires n'est visible qu'à une certaine distance du noyau, elle apparaît sous la forme de raies transversales colorées en rouge par la safranine.

Dans le voisinage de ce gros noyau en état de dégénérescence graisseuse, on remarque un noyau de plus petite taille présentant lui aussi des phénomènes analogues, car on y trouve des gouttelettes graisseuses soit à l'intérieur, soit sur le pourtour.

Quant au sarcoplasme périphérique, son aspect est plus ou moins nettement réticulé, il ne renferme aucune granulation graisseuse, mais dans certains de ses noyaux, on distingue, à côté de grosses granulations chromatiques, quelques gouttelettes graisseuses colorables en noir par l'acide osmique.

Les granulations de graisse ne se trouvent donc pas seulement dans la partie contractile, mais elles sont surtout abondantes dans les noyaux et dans le voisinage de ceux-ci ; la dégénérescence n'a donc pas lieu exclusivement dans le myoplasme. A part cette différence, nos observations viennent corroborer celles de de Bruyne.

Nous n'avons pas recherché quels sont les muscles présentant ces phénomènes de dégénérescence graisseuse. Nos observations nous permettent simplement d'affirmer que dans certains muscles se développe de la graisse.

HYPODERME. — De Bruyne (1898) avait déjà constaté l'apparition de granulations graisseuses dans l'hypoderme, au moment de sa destruction, au cours de la métamorphose du Ver à soie. Nous avons nous-mêmes remarqué l'apparition de graisse dans les cellules hypodermiques d'une chrysalide au début de sa formation. Nos matériaux avaient été fixés au Flemming et les coupes colorées à l'Unna.

L'hypoderme (pl. B, fig. 13) est formé d'un épithélium cylindrique, à cellules assez élevées, limitées du côté interne par la membrane basilaire et du côté externe par la couche de chitine. Le cytoplasme de ces cellules est coloré en bleu grisâtre par l'Unna ; il est finement granuleux dans sa majeure partie, mais la région voisine de la basale a un aspect fibrillaire. Les noyaux des cellules hypodermiques ont un contour peu défini ; ils sont allongés et présentent plusieurs prolongements ; ils renferment dans leur intérieur de nombreuses granulations sphériques de chromatine de différentes grosseurs ; et, quelquefois aussi, en certains points, des granulations graisseuses. Dans le cytoplasme, on trouve souvent des files de gouttelettes de graisse placées parfois au voisinage du noyau. Ainsi, dans l'hypoderme, nous voyons aussi apparaître de la graisse au cours de la nymphose.

GLANDES SÉRICIGÈNES. — Les glandes séricigènes sont soumises à une véritable dégénérescence graisseuse. Déjà, chez les vers à la montée, on assiste, en différents points, au début de cette dégénérescence.

La figure 3 (pl. A) indique une portion de la glande où les noyaux sont fortement ramifiés et à contours peu définis ; leur chromatine est très dense et se colore fortement par la safranine ; le cytoplasme, surtout visible dans la région centrale des cellules, se colore en rose par la safranine, mais il est presque impossible de le distinguer vers les côtés externe et interne, tellement il est bourré de granulations graisseuses ; des gouttelettes de graisse envahissent aussi la région centrale, mais elles sont beaucoup moins abondantes que dans les régions périphériques.

Dans une autre portion de la même glande (pl. A, fig. 4), les noyaux prennent un aspect plus ou moins granuleux ; leurs ramifications se morcellent et sont entourées d'une quantité tellement grande de granulations graisseuses que l'on ne peut y distinguer le réseau cytoplasmique. Du côté externe ces granulations se réunissent et donnent des plages graisseuses très volumineuses formant sur nos préparations un fond noir sur lequel se détachent en rouge les ramifications du noyau.

Au cours de la métamorphose, ces glandes se chargent de plus en plus de graisse et forment des cordons à bords estompés, colorés totalement en noir par l'acide osmique ; il est alors impossible de distinguer aucun détail cellulaire.

Cette dégénérescence des glandes séricigènes du Ver à soie est à rapprocher de celle que l'un de nous a observée dans les glandes salivaires de *Chironomus* (1).

AUTRES TISSUS : LEUCOCYTES, GLANDES GÉNITALES, ÉPITHÉLIUM DIGESTIF. — Les leucocytes (pl. B, fig. 12) renferment eux aussi des granulations graisseuses. Dans les œufs se trouve de la graisse comme matière de réserve. Mais le fait le plus curieux est l'apparition de granulations de graisse dans les cellules de l'intestin moyen, vers la fin de la métamorphose. Dans une chrysalide de quinze jours, c'est-à-dire deux à trois jours avant l'éclosion, nous avons observé, au niveau de l'épithélium digestif, au voisinage des noyaux et dans le cytoplasme, des gouttelettes de graisse. Ces gouttelettes sont géné-

(1) Vaney (1902)

ralement de grosse dimension vers la base des cellules et de petite taille vers la lumière du tube digestif.

En résumé :

Au cours de la métamorphose du Ver à soie, on constate que la graisse se trouve :

1° *Dans les cellules adipeuses qui, déjà chez la larve, contenaient des matières grasses et qui passeront intégralement de la larve à l'imago ;*

2° *Dans des éléments qui n'en renferment pas chez la larve et chez l'adulte mais qui en présentent pendant la nymphose : ce sont les cellules de l'hypoderme, les cellules de l'épithélium digestif, certains muscles et surtout les glandes séricigènes. Pour ces dernières, nous avons constaté une véritable dégénérescence graisseuse.*

Ainsi, par l'étude histologique, nous prouvons que de nouveaux éléments fabriquent de la graisse pendant la métamorphose, et si l'analyse chimique nous montre que la teneur en graisse diminue, ce résultat provient de ce que la consommation est plus grande que la production ; aidés de l'histologie, nous voyons qu'il n'y a pas simplement consommation progressive mais aussi production de ces matières grasses. Le relèvement de la teneur en graisse à la fin de la nymphose peut provenir de l'apparition de cette substance dans la paroi de l'intestin.

Influence de la Sexualité sur la teneur en Graisse

Nous avons recherché, comme pour le glycogène, si la richesse en graisse était en rapport avec la sexualité. Pour cela, nous avons dosé la graisse dans des chrysalides mâles et femelles du même âge et nous avons opéré de la même façon sur des adultes. Les résultats que nous avons obtenus sont les suivants :

```
                                          Gr.          mgr.
10 chrysalides femelles de 16 jours, pesant 15 » contiennent 261 de graisse, soit 1,740 0/0
10       —      mâles       16 jours,  —  10 »    —       381      —        3,810 —

10 chrysalides femelles de 17 jours, pesant 14,5 contiennent 327 de graisse, soit 2,255 0/0
10       —      mâles       17 jours,  —   9,5    —       233      —        2,452 —

10 adultes femelles accouplées,      pesant  9 » contiennent 252 de graisse, soit 2,800 0/0
10    —     mâles       —              —   4,5    —       426      —        9,466 —

10 adultes femelles après ponte,     pesant  3,5 contiennent  63 de graisse, soit 1.885 0/0
10    —     mâles après accouplement, —   3 »    —        86      —        2,865 —
```

Nous voyons, d'après les chiffres précédents, que toujours les mâles, chrysalides et adultes, sont plus riches en graisse que les femelles. Au moment de l'éclosion, la graisse subit une légère diminution chez les femelles, tandis qu'elle augmente dans de grandes proportions chez les mâles.

Pendant l'acte de l'accouplement, la consommation de la graisse est très intense chez le mâle : elle atteint les quatre cinquièmes de la graisse primitive.

Graisse dans les Œufs de Ver à Soie

Tichomiroff (1885) trouve dans les œufs avant l'hivernage 9,52 pour 100 de produits solubles dans l'éther, décomposables en

Cholestérine.	0,40 pour 100
Lécithine.	1,04 —
Graisse.	8,08 —
	9,52 pour 100.

Dans les œufs développés, qui ont passé l'hiver, l'ensemble des produits solubles dans l'éther n'est plus que de 6,53 pour 100, décomposables ainsi :

Cholestérine.	0,35 pour 100
Lécithine.	1,76 —
Graisse	4,42 —
	6,53 pour 100.

Il y a eu baisse de la teneur totale en matières grasses mais augmentation de lécithine.

Dans nos recherches, nous n'avons dosé que l'ensemble des matières grasses solubles dans l'éther, sans étudier les variations en cholestérine, lécithine et graisse. Nous avons obtenu :

	Gr.		mgr.		
Œufs dans femelles accouplées.	1,80 contiennent		76 de graisse, soit	4,22	0/0
Œufs pondus depuis 2 à 4 jours, jaunes.	3,20	—	230	—	7,201 —
Œufs pondus depuis 7 à 8 jours, grisâtres.	3,7	—	266	—	7,189 —

Les différences observées entre les deux premiers résultats ne sont pas la conséquence d'une nouvelle formation de graisse, mais simplement d'une perte en eau.

Si nous comparons la teneur en graisse des œufs de deux à quatre

jours avec celle des œufs de sept à huit jours, nous constatons déjà une légère consommation.

Puisque nous connaissons maintenant la richesse en graisse des femelles accouplées et des œufs qu'elles renferment, nous pouvons comparer ces deux valeurs. Nous en déduisons que la grande majorité de la graisse se trouve localisée dans les œufs, car ces derniers renferment 4,22 pour 100 de cette substance, alors que l'animal entier n'en contient que 2,8 pour 100.

MATIÈRES ALBUMINOIDES SOLUBLES ET COAGULABLES
AU COURS DE LA NYMPHOSE

Après avoir établi les courbes de variations des matières hydrocarbonées et des graisses au cours de la métamorphose du Ver à soie, il nous a paru intéressant de compléter le chimisme de ce phénomène biologique par l'étude des matières albuminoïdes solubles et coagulables (albumines).

Dosage des Albumines solubles

La méthode que nous avons employée est celle dont Armand Gauthier s'est servi pour le dosage des albumines solubles dans les muscles. Les tissus sont épuisés avec de l'eau distillée froide ; le maceratum filtré est coagulé par la chaleur en présence d'un égal volume d'une solution saturée de sulfate de soude. Le coagulum recueilli sur filtre taré est d'abord lavé à l'eau distillée, puis à l'alcool et à l'éther ; il est ensuite desséché à l'étuve à 105 degrés et pesé.

Les animaux servant au dosage sont découpés en menus morceaux et triturés dans un mortier avec du sable siliceux. On ajoute de l'eau distillée à raison de 300 à 500 centimètres cubes pour 20 grammes de tissus. Le tout bien mélangé est abandonné pendant vingt-quatre heures dans un endroit frais, après avoir eu le soin d'y ajouter quelques cristaux de cyanure de mercure pour éviter toute putréfaction. Au bout de ce temps, on filtre et on traite à nouveau le résidu par de l'eau distillée. On obtient, après filtration, un liquide limpide et brunâtre, qu'on coagule au bain-marie après l'avoir additionné de sulfate de soude.

EXPOSÉ DES RÉSULTATS. — *Education de la Faculté.*

Cocons		Gr.		mgr.		Gr.		Teneur pour 10 individus types — gr.
14 de 1 jour, dont les vers pèsent 32 et contiennent 510 d'alb. sol., soit 1,593 0/0								0 348
14 — 2 —	—	—	26	—	780	—	3,000 —	0 541
14 — 3 —	—	—	20	—	690	—	3,450 —	0 531
14 — 4 — 11 chrys. + 3 vers	—	—	21	—	790	—	3,762 —	0 528
14 — 5 — chrysal.	—	—	19	—	648	—	3,410 —	0 459
14 — 6 —	—	—	20	—	635	—	3,175 —	0 426

Cocons			Gr.		mgr.		Gr.		Teneur pour 10 individus types — gr.
14 — 11 —	—	—	19	—	570	—	3,000	—	0 376
14 — 14 —	—	—	19	—	410	—	2,157	—	0 263
14 — 16 —	—	—	17	—	200	—	1,176	—	0 138
20 — 17 —	—	—	24,54	—	193,36	—	0,810	—	0 094
20 adultes accouplés, pesant			10,94	—	81,33	—	0,743	—	0 055

L'examen de la courbe VI de variations des albumines solubles au cours de la nymphose, pour une série de 10 vers, montre du premier au second jour de coconnage un fort accroissement; puis, du deuxième jour jusqu'au moment de la chrysalidation, la teneur en albumines solubles reste à peu près stationnaire, et, à partir de cette époque, la courbe subit une chute régulière et rapide jusqu'au moment de l'éclosion. Ces substances sont donc l'objet d'une consommation régulière et progressive pendant tout le stade chrysalidaire.

RECHERCHES HISTOLOGIQUES. — Il est très difficile de faire la recherche complète de la localisation des albuminoïdes solubles ; nous voulons ici simplement indiquer quelques particularités présentées surtout par les *cellules adipeuses* du Ver à soie.

Berlese (1902) avait déjà indiqué, dans les cellules adipeuses, des granulations albuminoïdes surtout abondantes à la veille de la chrysalidation. Nous avons pu mettre en relief les particularités que nous allons signaler en opérant de la manière suivante : les vers et les jeunes chrysalides sont fixés à l'alcool absolu ; puis, suivant la méthode classique, inclus dans la paraffine ; les coupes effectuées sont rapidement étalées avec très peu d'eau distillée ; après dessiccation complète, la paraffine est enlevée par un lavage prolongé au toluène ; on dissout par la même opération les matières grasses. On colore ensuite au paracarmin. Après cette coloration, on remarque dans les cellules adipeuses de jeune chrysalide (pl. B, fig. 6), de nombreuses vacuoles remplies d'une substance se colorant en orange par le carmin alors que les travées cytoplasmiques sont teintées en rose. Ces vacuoles sont surtout visibles chez les chrysalides venant de se former.

Des coupes non colorées traitées par l'azotate mercureux (réactif de

VI. — *Courbes de variations des ALBUMINES SOLUBLES, au cours de la nymphose du Ver à soie.*

(en grammes)

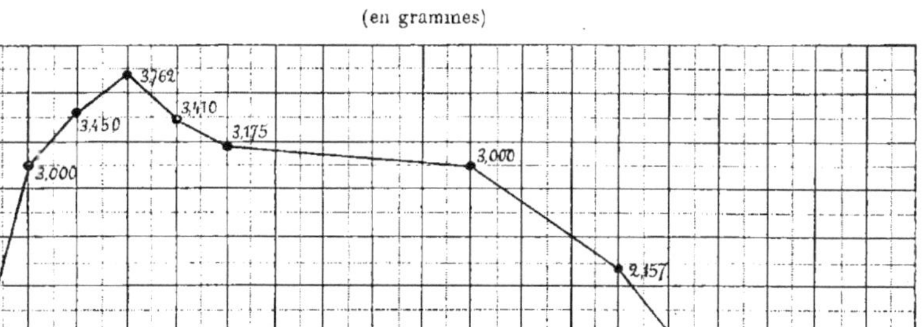

A. — Pour 100 grammes de tissus.

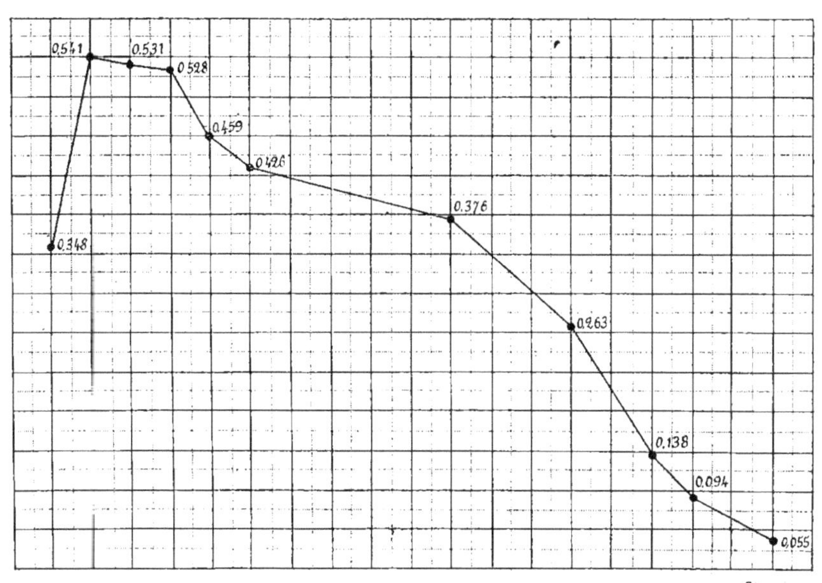

B. — Pour dix individus types.

Millon) nous montre que le contenu de ces vacuoles est formé de matières albuminoïdes, car il se colore fortement en rouge. La réaction xanthoprotéique et celle du biuret nous conduisent au même résultat.

Dans le cytoplasme des cellules adipeuses apparaissent donc au début de la nymphose des vacuoles remplies de matières albuminoïdes.

Pour des chrysalides âgées nous avons employé des matériaux fixés au formol fort et pour déceler les matières albuminoïdes nous avons opéré de deux façons différentes.

Dans le premier cas, des coupes faites à la paraffine et traitées par le toluène sont soumises ou à l'action du réactif de Millon, de l'acide nitrique, ou encore du sulfate de cuivre et de la soude. Le cytoplasme des cellules adipeuses montre alors autour de grandes vacuoles, probablement remplies de matières grasses, de nombreuses petites vacuoles remplies de matières albuminoïdes. Les travées cytoplasmiques semblent se résoudre en ces vacuoles.

D'autres coupes sont colorées par le glychémalun et la méthode de van Gieson (fuschine acide + acide picrique). Les cellules adipeuses (pl. A, fig. 7 et 7') montrent ainsi des vacuoles dont le contenu est uniformément coloré en jaune par l'acide picrique et qui correspondent aux vacuoles pleines de matières albuminoïdes.

Les *leucocytes* et les *cellules de l'appareil génital femelle* présentent aussi en très grande quantité ces inclusions albuminoïdes qui se répandent en plaquettes quand on rompt la paroi des cellules.

Influence de la Sexualité sur la teneur en Albumines solubles

Nous avons dosé comparativement les albumines solubles dans des individus mâles et femelles du même âge. Les résultats que nous avons obtenus sont les suivants :

10 chrysalides femelles de 16 jours, pesant 15 gr. contiennent 240 mgr. d'alb. sol., soit 1,600 °/₀

10	—	—	17 jours,	— 14 gr. 54	—	176	—	— 1,212 —
10	—	mâles	—	— 10 gr.	—	23	—	— 0,230 —
10 femelles accouplées				— 6 gr. 66	—	31	—	— 0,470 —
10 mâles accouplés				— 4 gr. 28	—	50	—	— 1,166 —

Nous voyons, d'après ces données, que chez les femelles les albumines solubes sont l'objet d'une consommation intense au moment de l'éclosion : pour 10 individus, on passe de 176 milligrammes à 31 milligrammes. Chez les mâles, il n'y a rien de comparable, la quantité d'albumines solubles semble plutôt augmenter : elle passerait de 23 à 50 milligrammes.

A la veille de l'éclosion, les chrysalides femelles sont beaucoup plus riches en albuminoïdes solubles que les chrysalides mâles, la différence est dans le rapport de 176 à 23. Chez les adultes, cette différence est bien moins grande et ce sont les mâles qui semblent avoir la plus forte teneur en albuminoïdes solubles.

RÉSUMÉ ET CONCLUSIONS

I. — ETUDE COMPARATIVE DES TROIS COURBES DE VARIATIONS :
Glycogène, Graisse et Albumines solubles.

A) PENDANT LA NYMPHOSE. — Nous avons constaté précédemment que, pendant le coconnage, il y a formation intense de glycogène et d'albumines solubles. A partir du moment où la chrysalide est formée on remarque une consommation constante de ces substances. La véritable interprétation de ces résultats est la suivante : au début de la chrysalidation, la production de glycogène et d'albumines solubles surpasse la consommation, tandis qu'après cette période, la consommation l'emporte sur l'élaboration.

Pour la graisse, la courbe va en s'abaissant dès le début et pendant toute la durée de la nymphose, ce qui signifie simplement que pour cette substance, la destruction l'emporte sur la production.

La chrysalide une fois formée consomme donc parallèlement les trois sortes de réserves : azotées, grasses et hydrocarbonées.

B) PENDANT ET APRÈS L'ÉCLOSION. — Ici, il faut tenir compte du sexe, car il existe de grandes différences au point de vue de la teneur en glycogène, graisse et albumines solubles, entre les mâles et les femelles.

Dans le tableau suivant, nous donnons la teneur pour 100 de ces différentes substances, et les quantités contenues dans 10 individus, pour les chrysalides à la veille de l'éclosion, les adultes accouplés et les adultes après l'accouplement et la ponte, ceci pour les mâles et les femelles :

	POIDS de 10 individ. nus		GLYCOGÈNE		GRAISSE		ALB. SOLUBLE	
	mâles	femelles	mâles	femelles	mâles	femelles	mâles	femelles
Chrysalides 17 jours	9,17	14,03	0,069	0,089	0,225	0,316	0,021	0,170
			0,755 °/o	0,636 °/o	2,452 °/o	2,255 °/o	0,230 °/o	1,212 °/o
Adultes accouplés . .	5,4	9,6	0,023	0,117	0,511	0,268	0,063	0,045
			0,420 °/o	1,229 °/o	9,466 °/o	2,800 °/o	1,166 °/o	0,470 °/o
Adultes après accouplement et ponte. .	3,»	3,4	0,026	0,044	0,086	0,064		
			0,888 °/o	1,300 °/o	2,866 °/o	1,885 °/o		

a) *Comparaison entre les mâles et les femelles aux mêmes stades.* — Pour établir cette comparaison, il faut s'adresser à la teneur pour 100 : les femelles, avant la ponte, ayant toujours un poids beaucoup plus considérable que les mâles. En opérant ainsi, l'examen des résultats précédents nous permet de formuler les observations suivantes :

1° *Chrysalides à la veille de l'éclosion.* — Il n'y a pas de différences très marquées entre les mâles et les femelles, au point de vue de la teneur en glycogène et en graisse ; mais pour les albumines solubles, il y a un grand écart, en faveur des femelles (de 21 à 170).

2° *Adultes accouplés.* — Les mâles sont plus riches en albumines solubles et surtout en graisse, et moins riches en glycogène.

3° *Adultes après l'accouplement et la ponte.* — Les mâles sont toujours plus riches en graisse et moins riches en glycogène.

b) *Evolution du glycogène, des graisses et des albumines solubles chez les mâles et les femelles.* — Dans cette étude, il faut comparer les quantités de ces diverses substances contenues dans 10 individus dont les poids correspondraient à ceux du tableau.

On arrive alors aux conclusions suivantes :

1° *Au moment de l'éclosion.*

Chez les mâles, on observe une diminution pour le glycogène, une augmentation légère pour les albumines solubles, et très forte pour la graisse.

Chez les femelles, on constate l'inverse : augmentation légère pour le glycogène et diminution pour les graisses et les albumines solubles.

2° *Après l'accouplement et la ponte*, on assiste à une disparition progressive des substances de réserve : glycogène et graisse, aussi bien pour les mâles que pour les femelles.

c) ŒUFS.

	GRAISSE	GLYCOGÈNE
2 à 4 jours après la ponte (jaunes) .	7.201 %	2,850 %
7 à 8 jours après la ponte (gris) . .	7,189 %	0,874 %

Consommation très forte pour le glycogène et légère pour la graisse.

II. — LOCALISATION DES SUBSTANCES DE RÉSERVE

L'étude histologique nous montre que les cellules adipeuses jouent un rôle très actif dans le chimisme des métamorphoses. Elles se maintiennent pendant toute la durée de la nymphose et elles renferment en abondance de la graisse, du glycogène et des matières albuminoïdes solubles. Au point de vue physiologique, elles sont en tous points comparables à des cellules hépatiques : comme celles-ci, ce sont des centres actifs d'élaboration pour la graisse et le glycogène.

On retrouve également ces trois sortes de réserves (graisse, glycogène et albumines solubles) dans les leucocytes qui eux aussi passent de la larve à l'adulte.

A côté de ces tissus renfermant en abondance les trois sortes de substances de réserve, nous devons en citer d'autres, tels que les muscles, qui ne contiennent en quantité appréciable que des réserves de glycogène et de graisse et enfin d'autres qui ne renferment que des granulations graisseuses, ce sont : les glandes séricigènes et l'hypoderme, au début de la nymphose, et l'épithélium intestinal à la fin de cette période.

Cette étude des localisations des substances de réserve est intéressante, car elle nous montre que, dans tous les tissus qui renferment du glycogène en abondance on trouve aussi de nombreuses granulations graisseuses, ce qui semblerait indiquer une relation d'origine entre ces deux substances. Par contre, tous les tissus qui renferment de la graisse ne contiennent pas toujours du glycogène sous forme de réserve.

De l'étude comparative des variations de la graisse et du glycogène au cours de la métamorphose du Ver à soie, Couvreur en a déduit un argument en faveur de la transformation de la graisse en glycogène, se basant simplement sur ce fait qu'au début de la nymphose la graisse diminue tandis que le glycogène augmente. Mais ces deux substances de réserve sont l'objet à la fois d'une production et d'une consommation, de telle sorte que les courbes de variations ne donnent que la résultante de ces deux phénomènes. Pour la graisse, par exemple, la courbe indique une diminution constante pendant toute la durée de la métamorphose alors que l'étude des localisations nous montre une apparition de cette substance dans les parois du tube digestif vers la fin de la nymphose.

La complexité de ces phénomènes fait que l'on ne peut tirer de l'étude du chimisme des métamorphoses du Ver à soie un argument décisif en faveur de la théorie de la transformation des graisses en glycogène ; mais en tous cas, aucun des faits observés n'est en opposition avec cette théorie.

INDEX BIBLIOGRAPHIQUE (¹)

BATAILLON (E.), 1893. — La métamorphose du ver à soie et le déterminisme évolutif *(Bull. Sc. France et Belgique,* t. XXV).

— 1896. — Nouvelles recherches sur les Mécanismes de l'évolution. Les premiers stades du développement chez les Poissons et les Amphibiens *(Arch. Zool. Exp.,* 3ᵉ série, vol. VI).

— 1898. — Lettre à M. Gal, à propos de ses *Etudes sur les vers à soie (Bull. Soc. d'Et. des Sc. nat. de Nîmes,* XXVI).

BATAILLON (E.) et COUVREUR (E.), 1892. — La fonction glycogénique chez le ver à soie pendant la métamorphose *(C. R. Soc. Biol.,* 1892, p. 669).

BERLESE (A.), 1902. — Osservazioni su fenomeni che avvengono durante la ninfosi degli insetti metabolici Parte I, Tessuto adiposo *(Rivista di Patologia vegetale,* vol. IX).

BERNARD (Cl.), 1878-1879. — *Leçons sur les phénomènes de la vie communs aux animaux et aux végétaux.*

BERT (P.), 1885. — Sur la respiration du Bombyx du mûrier à ses différents âges *(C. R. Soc. Biologie).*

BRUYNE (DE), 1898. — Recherches au sujet de l'intervention de la phagocytose dans le développement des Invertébrés *(Archives de Biologie,* XV).

CORNALIA (E.), 1856. — Monografia del Bombice del Gelso *(Bombyx mori), (Memorie d. R. Istituto lombardo d. Sc., Lettere ed Arte).*

COUVREUR (E.), 1895. — Sur la transformation de la graisse en glycogène chez le ver à soie pendant la métamorphose *(C. R. Soc. Biologie).*

DANDOLO, 1819. — *De l'art d'élever les vers à soie,* traduct. Fontaneilles.

---

(1) Nous ne tiendrons compte dans cet index que des travaux dont nous avons parlé au cours de ce mémoire et qui ont surtout rapport à la physiologie des métamorphoses du Ver à soie. Pour la bibliographie des métamorphoses des Insectes, consulter :

F. Henneguy (1904), *les Insectes;* J. Anglas (1902), *les Phénomènes des métamorphoses internes,* 1 vol., coll. Scienta, n° 17 ; Ch. Pérez (1902), *Contribution à l'étude des métamorphoses;* C. Vaney (1902), *Contributions à l'étude des larves et des métamorphoses des Diptères.*

DEWITZ (J.), 1901. — Verhinderung der Verpuppung bei Insektenlarven *(Archiv. f. Entwicklungsmech.*, Bd 11).

— 1902. — Recherches expérimentales sur la métamorphose des Insectes ; sur l'action des enzymes (oxydases) dans la métamorphose des Insectes *(C. R. Soc. Biologie)*.

— 1902.— Untersuchungen über die Verwandlung der Insektenlarven. Weitere Mittheilungen zu meinen Untersuschungen über die Verwandlung der Insektenlarven *(Archiv. f. Anatomie u. Physiologie, Physiolog. Abth.)*.

— 1904. — Zur Verwandlung der Insektenlarven *(Zool. Anz., Bd.* XXVIII).

DUBOIS (R.) et COUVREUR (E.), 1901. — Etudes sur le ver à soie pendant la période nymphale *(Ann. Soc. Linn. de Lyon)*.

GAL (J.), 1898. — Etudes sur les vers à soie *(Bull. Soc. d'Et. des Sc. nat. de Nîmes,* XXVI).

HENNEGUY (F.), 1904. — *Les Insectes : morphologie, reproduction, embryogénie.*

LEVRAT (D.), 1898. — Sur les phénomènes respiratoires de la chrysalide de l'*Antherœa Pernyi (Rapport du Laboratoire d'Etudes de la soie de Lyon,* vol. IX).

LUCIANI et LO MONACO, 1893. — Sur les phénomènes respiratoires des larves de vers à soie *(Archives italiennes de Biologie)*.

LUCIANI et TARULLI, 1895. — Poids des cocons du Bombyx mori du commencement de leur tissage à la naissance des papillons *(Atti d. R. Ac. dei Georgofili,* vol. XVIII, fasc. 2 ; Résumé dans *Arch. Biol. italienne,* t. XXIV, p. 237).

MAIGNON (F.), 1902. — Recherches sur la production du sucre par les vers à soie *(Rapport du Laboratoire d'Etudes de la soie,* Lyon, t. XI).

MAILLOT, 1885. — *Leçons sur le ver à soie du mûrier.*

NEWPORT (G.), 1836. — On the respiration of Insects *(Philosoph. Trans. of the Royal Soc. of London)*.

— 1837. — On the Temperature of Insects and its connexion with the Functions of Respiration and circulation in this Class of Invertebrated Animals *(Phil. Trans. Roy. Soc., London)*.

RÉAUMUR (R.-A.-F. DE). 1734-1742. — *Mémoires pour servir à l'histoire naturelle et à l'anatomie des Insectes.*

REGNAULT et REISET, 1849. — Recherches chimiques sur la respiration des animaux *(Ann. de Chim. et de Phys.* 3e série, t. XXVI).

SOSNOWSKI (J.), 1902. — Contribution à l'étude de la physiologie du développement des mouches *(Bull. Ac., Cracovie,* 1902, pp. 568, 573).

TICHOMIROFF, 1885. — Chemische Studien über die Entwicklung der Insecteneier *(Zeitschr. f. Physiol. Chemie)*.

TERRE (L.), 1898. — Sur les troubles physiologiques qui accompagnent la métamorphose des Insectes holométaboliens *(C. R. Soc. Biologie)*.

URECH (F.), 1890. — Chemisch-analytische Untersuchungen and lebenden Raupen und Schmetterlingen und an ihren Secreter. *(Zool. Anzeiger*, XIII).

Lyon. — Imp. A. Rey. — 37465

PLANCHE A

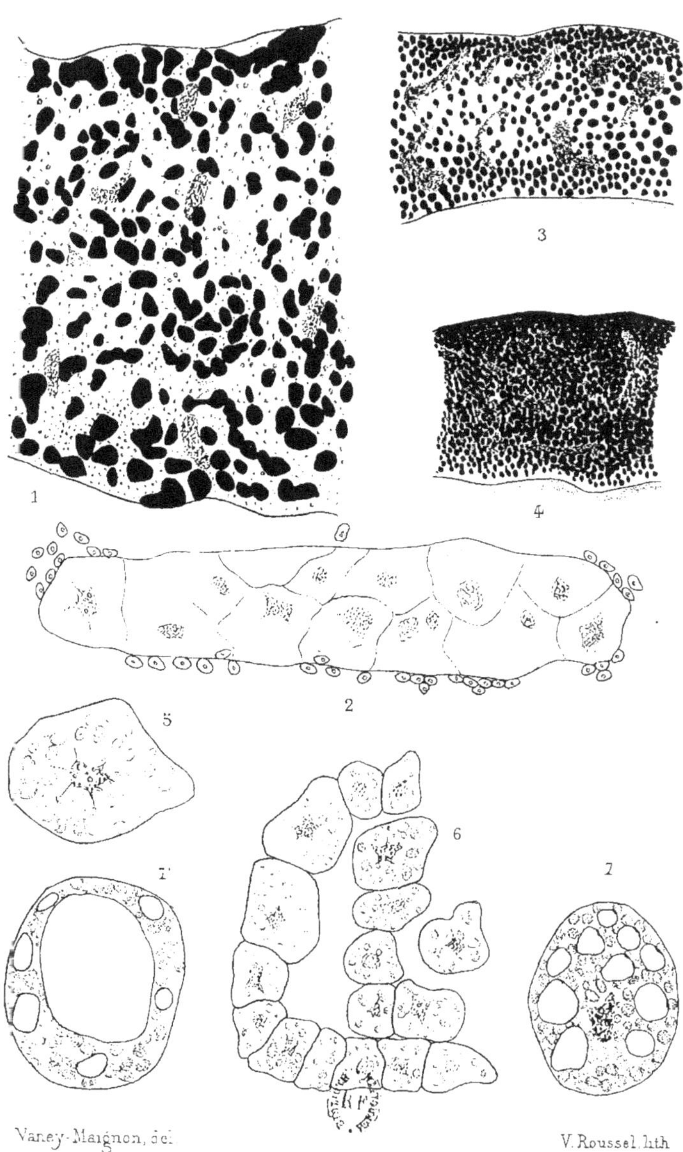

Vaney-Maignon, del.   V. Roussel, lith.

Imp. L. Lafontaine, Paris

PLANCHE B

Figure 8. — Cordon adipeux appliqué contre l'hypoderme d'un ver à la montée. Coloration par la méthode au violet de gentiane de Lubarsch; les noyaux sont colorés en rouge et le glycogène en violet. — Grossissement = 700.

Figures 9 et 9'. — Cellules adipeuses isolées d'une jeune chrysalide de quatre jours. Coloration par la méthode au violet de gentiane de Lubarsch. — Grossissement = 700.

Figure 10. — Lencocytes de jeunes chrysalides colorés par la méthode de Lubarsch. — Grossissement = 1.200.

Figure 11. — Muscle en état de dégénérescence adipeuse d'une jeune chrysalide. — Fixation au Flemming ; coloration à la safranine. — Grossissement = 1.340.

Figure 12. — Lencocyte de jeune chrysalide renfermant des granulations graisseuses. — Coloration à la safranine après fixation au Flemming. — Grossissement = 1.200.

Figure 13. — Cellules hypodermiques d'une très jeune chrysalide contenant des granulations graisseuses. — Grossissement = 950.

Figure 14. — Epithélium digestif d'une chrysalide de quinze jours.

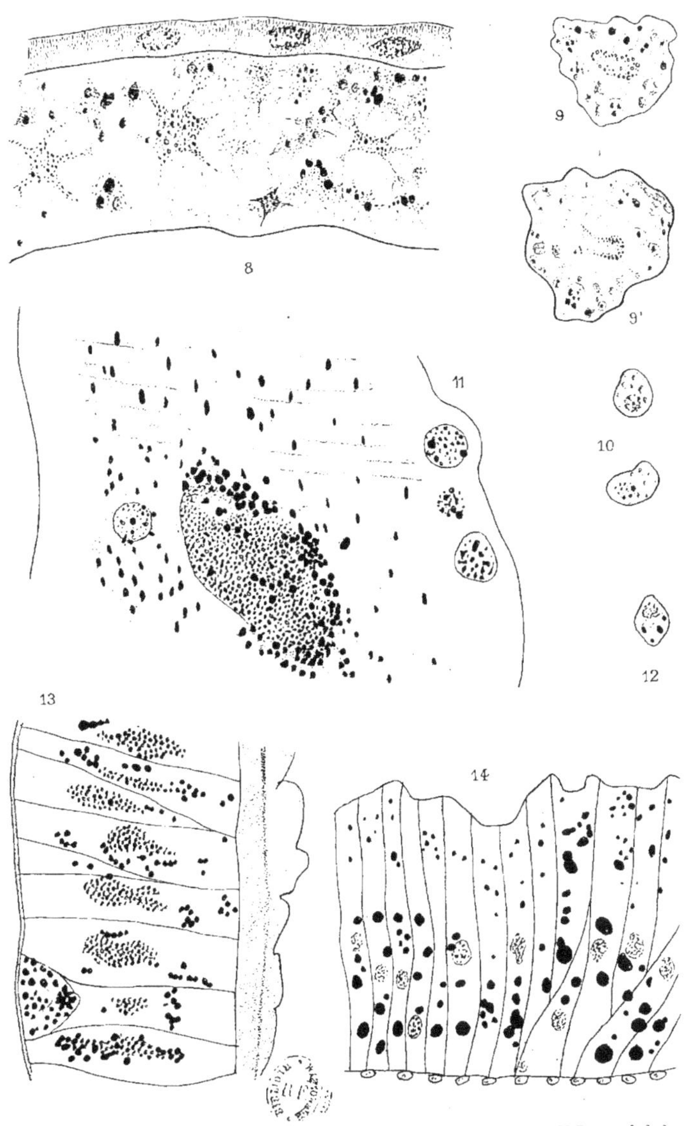

Vaney-Maignon, del.   V. Roussel, lith.

Imp L Lafontaine, Paris

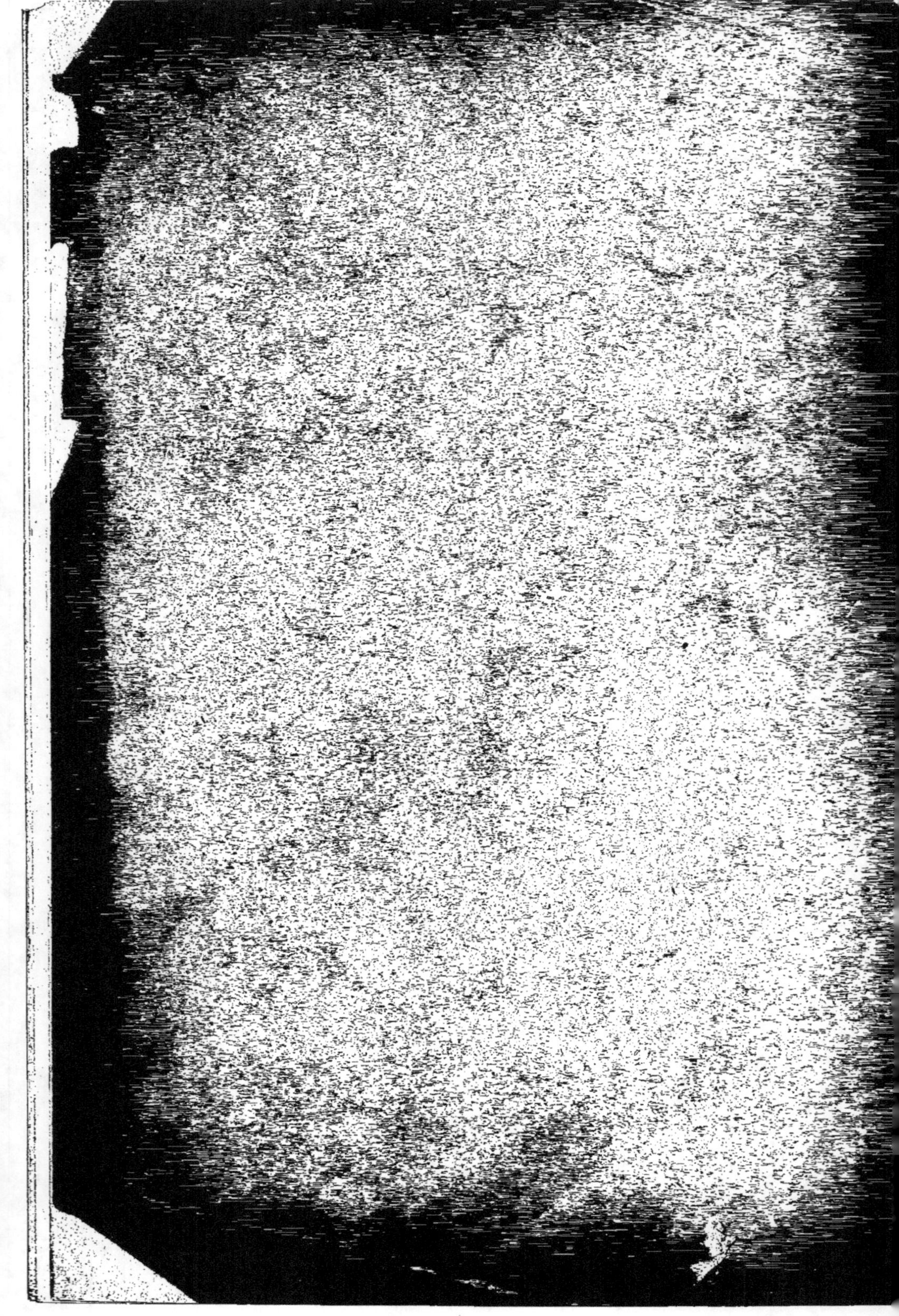

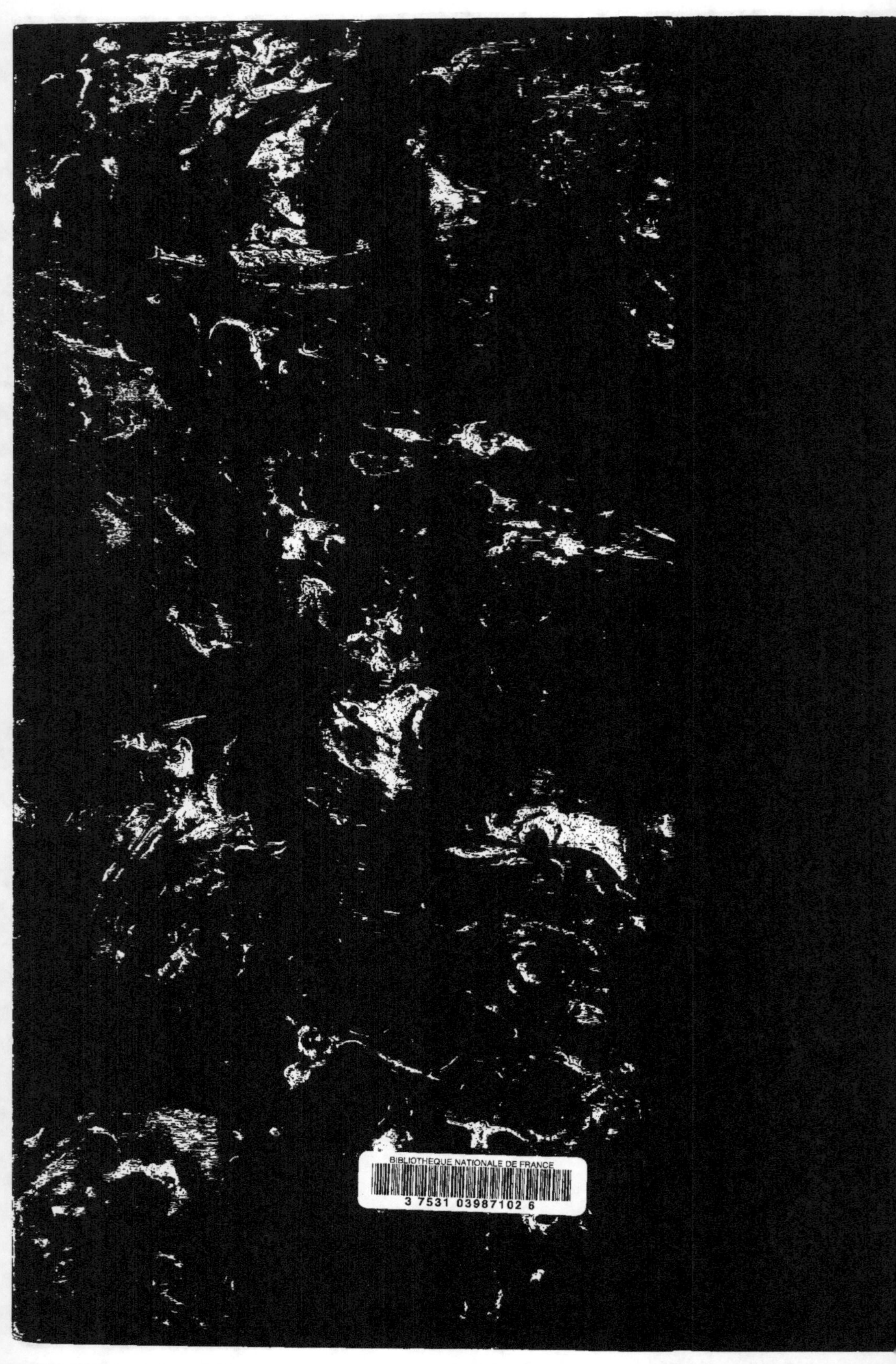
BIBLIOTHEQUE NATIONALE DE FRANCE
3 7531 03987102 6